战略性新兴领域"十四五"高等教育系列教材

面向智能制造与服务的项目式学习方法

[日] 川田诚一 王 峰 佘锦华 杨晓楠 编著

机械工业出版社

本书是一本专为智能制造系统研究和大学工程教育量身定制的项目式学习（PBL）探索指南。它为教育工作者、学生和专业人士提供了一套全面的资源，旨在帮助他们理解并有效实施 PBL。书中不仅介绍了 PBL 的定义、优势及面临的挑战、评估方法和教师培训，还深入探讨了项目管理方法、技术工具、建模语言以及 PBL 在智能制造系统中的应用。通过实际案例和个案研究，本书展示了 PBL 在解决现实世界工程问题中的效果和变革潜力，特别强调了其在培养学生的跨学科思维、团队合作精神和终身学习能力方面的重要性。

本书的特点在于它的实用性和前瞻性，不仅为读者提供了 PBL 的理论基础，还通过具体的实施策略和工具，使读者能够将 PBL 融入教育系统和课程中。此外，书中强调了 PBL 在培养具有创新精神和适应性强的工程师方面的关键作用。

本书的读者对象主要是大学工程教育领域的教师和学生，尤其是那些对智能制造系统感兴趣，希望提高教学效果和学习成果的教师和学生。同时，对希望在专业实践中应用 PBL 方法的专业人士来说，本书也是一份宝贵的参考资料。

本书配有以下教学资源：电子课件、教学大纲、教学视频、实践项目案例，欢迎选用本书作教材的教师登录 www.cmpedu.com 注册后下载，或发邮件至 jinacmp@163.com 索取。

北京市版权局著作权合同登记　图字：01-2024-6181号。

图书在版编目（CIP）数据

面向智能制造与服务的项目式学习方法／(日) 川田诚一等编著. -- 北京：机械工业出版社，2024.12.
(战略性新兴领域"十四五"高等教育系列教材)．
ISBN 978-7-111-77667-3

Ⅰ．TH166
中国国家版本馆 CIP 数据核字第 2024DD9749 号

机械工业出版社（北京市百万庄大街22号　邮政编码100037）
策划编辑：吉　玲　　　　　　责任编辑：吉　玲　章承林
责任校对：陈　越　王　延　　封面设计：张　静
责任印制：郜　敏
北京富资园科技发展有限公司印刷
2024年12月第1版第1次印刷
184mm×260mm・13.25印张・321千字
标准书号：ISBN 978-7-111-77667-3
定价：53.00元

电话服务　　　　　　　　　　网络服务
客服电话：010-88361066　　　机　工　官　网：www.cmpbook.com
　　　　　010-88379833　　　机　工　官　博：weibo.com/cmp1952
　　　　　010-68326294　　　金　书　网：www.golden-book.com
封底无防伪标均为盗版　　机工教育服务网：www.cmpedu.com

前 言

欢迎阅读这本专为智能制造系统研究和大学工程教育量身定制的项目式学习（PBL）探索指南。我们的目标是为教育工作者、学生和专业人士提供资源，帮助他们理解 PBL 的概念，掌握实施 PBL 的必要技能，并探索 PBL 在改变工程教育和专业实践方面的潜力。

一、读者对象

本书适用于以下读者群体：

1. 教育工作者。希望将 PBL 纳入课程或专业实践的教育工作者。
2. 学生。工程领域的学生，特别是那些寻求通过实践学习提升知识和技能的个体。
3. 专业人士。在智能制造或相关领域工作，希望通过 PBL 提升自己的项目管理和解决问题能力的专业人士。
4. 研究人员。对 PBL 在工程教育中的应用感兴趣的人员。

二、本书特色

1. 实用性。本书提供了 PBL 的具体实施步骤、项目管理技巧、评估策略，以及教师培训的方法，能帮助读者将 PBL 有效地融入教育系统和课程。
2. 综合性。本书内容覆盖了 PBL 的定义、管理方法、高级建模技术，以及在智能制造系统中的直接应用，为读者提供了一个全面的 PBL 视角。
3. 前瞻性。本书不仅讨论了 PBL 的传统应用，还探讨了其在智能制造、服务科学和服务工程中的融合，强调了现代工程挑战的跨学科性质。
4. 案例研究。本书通过实际案例和个案研究，展示了 PBL 在现实环境中的应用效果和变革潜力，增强了理论与实践的结合。

三、本书结构

本书共 5 章，介绍了 PBL 的不同方面，从定义和原则，到高级建模技术以及在智能制造系统中的直接应用。这种方法拓宽了读者的理解范围，能使他们掌握有效实施 PBL 的必要技能。

第 1 章介绍了 PBL 的定义、优势及面临的挑战、实施过程、评估方法以及师资队伍建设与培训等方面。这些内容对于理解如何将 PBL 有效融入教育系统和课程至关重要。

第 2 章阐述了对工程教育项目的成功实施至关重要的项目管理方法。该章讨论了 PMBOK、Agile 和 Scrum 等成熟方法，为工程项目的动态性和复杂性提供了一个工具包。

第 3 章重点介绍了支持工程项目的技术工具和语言，包括 UML、SysML 等建模语言以及各种仿真软件。该章对于理解如何应用这些工具来简化项目设计和仿真流程至关重要。

第 4 章探讨了 PBL 在智能制造系统中的应用。该章详细介绍了一些实际案例和个案研究，这些案例和个案研究证明了 PBL 在现实环境中的应用效果和变革潜力。此外，该章还讨论了将服务科学和服务工程融入 PBL 项目的问题，强调了现代工程所迎接的跨学科的挑战。

第 5 章以工程学教育中 PBL 的未来作为结束语，强调这种教育方法在培养适应性强、技能娴熟和具有创新精神的工程师方面日益重要。

通过学习本书，读者对如何调整和应用 PBL 以提高工程教育中的学习成果，尤其在智能制造系统中的学习成果有了全面了解。我们诚邀您阅读本书，并应用书中讨论的概念，实现个人和专业上的成长，探索 PBL 在改变工程教育和专业实践方面的潜力。

本书在编写过程中，中国地质大学（武汉）的吴敏教授与曹卫华教授，在项目式学习的课程组织与案例撰写方面给予了宝贵指导，为提高本书的学术质量与实践价值提供了有力保障，在此表示感谢。同时，对本书引用的各类参考文献和资料的原作者及其单位表示衷心的感谢，他们的研究成果为本书的撰写奠定了坚实基础。在项目式课程教学实践过程中，参与课程的相关老师和同学以高度的热情和严谨的态度，为本书提供了实践案例并完善了相关内容，在此表示感谢！

鉴于编者对智能制造与服务的项目式学习方法的理解尚有局限，书中难免存在不足之处。诚恳地希望广大读者能够提出宝贵的意见和建议，帮助我们进一步完善本书，使其在未来的教学与实践中发挥更大的作用。

作　者

目 录

前言

第 1 章 项目式学习（PBL） ··············· 1

1.1 项目式学习（PBL）概述 ············· 1
- 1.1.1 PBL 的定义和原则 ················ 1
- 1.1.2 面向工程教育的项目式学习 ······ 3
- 1.1.3 PBL 的优势及面临的挑战 ········ 5
- 1.1.4 PBL 简史 ·························· 6

1.2 PBL 的实施过程 ······················· 8
- 1.2.1 PBL 的具体流程 ·················· 9
- 1.2.2 范例 ································ 18
- 1.2.3 项目管理 ·························· 20
- 1.2.4 协作平台 ·························· 23

1.3 PBL 的能力和评价 ··················· 25
- 1.3.1 能力 ································ 25
- 1.3.2 PBL 评估方法 ···················· 31
- 1.3.3 评估示例 ·························· 31

1.4 头脑风暴与亲和图法（KJ 法） ···· 35
- 1.4.1 头脑风暴 ·························· 35
- 1.4.2 亲和图法（KJ 法） ·············· 36
- 1.4.3 亲和图法（KJ 法）在 PBL 中的应用案例 ··· 39
- 1.4.4 亲和图法（KJ 法）的优势与挑战 ··· 40

1.5 PBL 师资队伍建设与培训 ··········· 41
- 1.5.1 师资队伍建设 ···················· 41
- 1.5.2 面向 PBL 导师的 FD 项目 ······ 42

第 2 章 PBL 的项目管理方法 ··········· 46

2.1 PBL 的项目管理 ······················ 46

    2.1.1 什么是项目（项目与运营） …………………………………… 46
    2.1.2 项目的成功 …………………………………………………… 48
    2.1.3 PMBOK 概要 ………………………………………………… 50
  2.2 传统项目管理 ……………………………………………………… 59
    2.2.1 项目管理方法 ………………………………………………… 59
    2.2.2 项目管理 ……………………………………………………… 60
    2.2.3 利益相关者 …………………………………………………… 65
    2.2.4 WBS …………………………………………………………… 67
    2.2.5 CPM …………………………………………………………… 70
    2.2.6 甘特图 ………………………………………………………… 71
  2.3 团队建设 …………………………………………………………… 72
    2.3.1 团队建设的目的和团队活力 ………………………………… 72
    2.3.2 团队建设的理论基础 ………………………………………… 74
    2.3.3 团队建设策略 ………………………………………………… 75
    2.3.4 团队建设活动及其应用 ……………………………………… 76
    2.3.5 团队建设中的冲突管理 ……………………………………… 77
    2.3.6 团队建设中的责任 …………………………………………… 78
    2.3.7 团队建设中的沟通 …………………………………………… 79
    2.3.8 团队建设中的项目知识管理 ………………………………… 81
  2.4 Agile 项目管理简介 ……………………………………………… 82
    2.4.1 Agile 管理方法的历史与演变 ………………………………… 82
    2.4.2 Agile 清单 ……………………………………………………… 83
    2.4.3 Agile 框架和方法 ……………………………………………… 84
    2.4.4 Agile 管理中的 Scrum 框架 …………………………………… 85
    2.4.5 Agile 的优势和局限性 ………………………………………… 87
  2.5 PBL 教育项目管理案例分析 ……………………………………… 89
第 3 章 PBL 的建模和仿真工具 ………………………………………… 91
  3.1 系统工程 …………………………………………………………… 91
    3.1.1 系统工程概述 ………………………………………………… 91
    3.1.2 系统工程的 V 形图 …………………………………………… 92
    3.1.3 建模在系统工程中的重要性 ………………………………… 94
    3.1.4 基于模型的系统工程（MBSE） ……………………………… 95
  3.2 UML ………………………………………………………………… 96
    3.2.1 UML 简介 ……………………………………………………… 96
    3.2.2 UML 事物 ……………………………………………………… 97
    3.2.3 UML 关系 ……………………………………………………… 100
    3.2.4 UML 图 ………………………………………………………… 101
  3.3 SysML ……………………………………………………………… 106

  3.3.1 SysML 简介 …… 106
  3.3.2 SysML 图的类型 …… 107
  3.3.3 SysML 图 …… 109
  3.3.4 系统建模语言（SysML）案例研究 …… 123
 3.4 模拟仿真 …… 131
  3.4.1 基于模型的系统工程中的仿真 …… 131
  3.4.2 工程仿真软件 …… 132
  3.4.3 离散事件系统仿真（制造数字孪生） …… 133
  3.4.4 连续系统仿真 …… 138

第 4 章 面向智能制造系统（IMS）和服务科学与服务工程的 PBL 示例 …… 142

 4.1 IMS 和服务科学与服务工程的 PBL 示例思想 …… 142
  4.1.1 国际监管体系下的 PBL …… 142
  4.1.2 IMS 的主要组成部分 …… 143
  4.1.3 服务科学与服务工程 …… 150
 4.2 PBL 实例 …… 158
  4.2.1 基于 AR 的海外游客实时导航系统 …… 158
  4.2.2 社区复原力互助服务平台 …… 164
  4.2.3 基于 SysML、服务工程方法和 Arena 软件的家庭连续性计划 …… 172
  4.2.4 服务设计方法 PLAN 的提案：使用离散事件模拟 …… 179
  4.2.5 增强现实环境下模型的构建、加载与定位 …… 183
  4.2.6 模型驱动和碰撞检测 …… 186
 4.3 其他 PBL 主题 …… 189
  4.3.1 提高装配线上的精确度与协作机器人 …… 189
  4.3.2 使用群体机器人简化制造业物流 …… 190

第 5 章 工科教育中 PBL 的未来 …… 192

 5.1 PBL 在工科教育中的当前趋势和问题 …… 192
  5.1.1 当前趋势 …… 192
  5.1.2 问题 …… 193
 5.2 PBL 在工科教育中的未来机遇与挑战 …… 194
  5.2.1 未来机遇 …… 194
  5.2.2 未来挑战 …… 194
 5.3 对 PBL 实践者和研究者的建议和意见 …… 195
  5.3.1 PBL 实践者 …… 195
  5.3.2 PBL 研究者 …… 196

参考文献 …… 197

第 1 章 项目式学习（PBL）

导读

本章主要介绍项目式学习（project-based learning，PBL）教学方法，探讨面向工程教育的 PBL 以及如何运用它，并阐述 PBL 带来的优势。首先，本章以 PBL 为基础，详细阐述了该方法的定义、原则、在工程教育领域开展 PBL 的优势与挑战，并回顾了 PBL 的发展历程。然后，本章讨论了实施 PBL 的具体流程，以及如何对每位学生的表现进行评估。最后，本章探讨如何通过开展 PBL 教师培训来提升教学团队的组织管理水平。

本章知识点

- PBL 教学方法
- PBL 的发展历程
- PBL 教学方法的具体实施及学生评价
- PBL 的教师培训

1.1 项目式学习（PBL）概述

1.1.1 PBL 的定义和原则

项目式学习（PBL）已被众多研究者赋予了多种定义。在本书中，项目式学习的定义是以学生团队发现的、与现实问题相关的项目课题为主，实施解决该项目并得以从中获得知识、技能、能力的教育项目。PBL 是一种创新的教育模式，它鼓励学生参与协作、跨学科和探究性的项目工作。在 PBL 教育模式下，学生通过探索和创造来解决和应对现实世界中的问题和挑战，从而完善自己的知识体系，提高技能水平和综合能力。这种模式将教学的关注点从传统的知识讲授转变为以学生为中心的、积极主动的体验式学习。

PBL 是一种以学生为中心的教育模式，旨在为学生提供有意义且目标明确的学习体验，主要强调以下九大原则。

1. 以学生为中心的学习

PBL 将学生置于学习过程的中心，使得学生能够对自己的学习负责，做出选择，并追求自己的兴趣。虽然教师是引导者，但他们并不直接管理或参与解决项目任务。相反，他们作为导师支持团队，仅协助学生独立地持续学习。

2. 与现实世界的关联

PBL 注重运用抽象的知识和技能来应对现实世界的问题和挑战，将知识与学生的日常生活、社群及未来职业紧密相连。在确定 PBL 研究主题时，教师应针对社会实际问题与学生展开讨论，还可以邀请来自业界相关领域的专家参与讨论，以加深他们对实际问题的理解。

3. 探索和创新

PBL 鼓励学生提出问题、探索未知并寻找答案，从而激发学生的好奇心，培养学生的创造力和批判性思维。一般而言，学生通过教科书和讲座的方式获取知识，但 PBL 鼓励学生提出问题，想出解决问题的方法，主动寻找答案，这一过程可以培养他们的创造力和批判性思维，并获得创新能力。

4. 协作和团队合作

PBL 通过团队协作提高学生的沟通能力和人际交往技能。知识的学习是以个体为基础的，团队的学习往往存在效率低下的问题，但在执行项目的过程中，每位成员都扮演着不同角色，瞄准一个共同目标，所获得的除知识外，还有如合作能力、团队活动中的协调能力以及沟通技能等。这些能力也是学生今后参加工作后最关键的工作技能之一，能够获得这些技能对他们的未来至关重要。

5. 可靠性评价

PBL 针对基于实际任务和项目的实施过程进行评价，注重对学生表现的评估。这包括作品集、演讲展示和自我评估，在开展 PBL 的过程中，还必须为每位学生制定合适的评价体系。在使用 PBL 的过程中，如何评估每位学生的表现是一个关键问题。每位学生在项目中的角色各不相同，学生将通过扮演不同的角色为解决项目所设问题做出贡献。因此，需要预先设计记录频率以及所获知识和能力的方法及过程，以及建立一个与成绩评估联系起来的系统。

6. 反思和元认知

元认知是一种自我反思的高级认知过程，它能使我们客观地审视和评估自己的感知、情感、记忆和思考。这一过程由元认知监测和控制两个关键部分组成。元认知监测包括意识、感觉、预测、检查和评价等内在的认知活动，而元认知控制则涉及目标设定、计划和修改等更为主动的认知调节活动。在 PBL 学习模式中，尤其是在项目的中途回顾阶段，运用元认知可以帮助学生识别和优化自己的学习策略，从而更有效地推进项目的后续阶段。通过这种自我调节的学习过程，学生不仅能够深入理解知识内容，还能加强对自己学习过程的掌控。元认知的过程有助于提升自我意识、自我调节和终身学习的能力。由于时间限制，有可能很难将此原则实施到所有 PBL 活动中，所以可让学生准备周报，概述在他们视角下的项目，将周报作为项目完成时的提交材料之一。通过准备周报，学生将有机会反思自己的活动，提高自己对该项目的认识。

7. 学科融合

PBL 通过融合不同学科的知识和技能，促进跨学科学习，帮助学生认识不同学科间的相互关联。实现这一点既是 PBL 的特点，也具有较大的挑战。为此，在设置项目主题时，需要设定涉及多学科知识的问题。为了解决该问题，也需要创建一个来自不同领域的学生团队。在单一部门进行的 PBL 教育中，学生在项目执行期间能够获得的多领域知识有限，因此在做主题设计时最好考虑多学科交叉问题，而不是一味地设置过高的目标。

8. 引导者角色

在 PBL 模式下，教师扮演着引导者的角色，为学生提供必要的指导和支持，包括提供资源、反馈和鼓励，以帮助学生克服学习过程中的挑战。在 PBL 中，团队成员定期会面，会议上有一个团队成员之外的引导者负责促进成员之间的对话交流。引导者鼓励每个成员发言，同时保持客观，提供参与者没有的视角，并发表可以缓解会议紧张气氛的评论，这有助于团队活动的顺利进行。为此，邀请一位作为引导者的人是非常必要的。在大多数情况下，教师可作为引导者和监督者。

9. 持续改进

PBL 是一个设计、执行和反思不断循环迭代的过程，鼓励学生从错误中吸取教训，不断完善自己的工作，追求卓越。在常规讲授式学习中，通过考试来衡量所获知识的水平，并有标准的答案。而在 PBL 中，学生通常是提交各种报告，没有唯一的正确答案。在项目中期回顾时，需要反思导致现有活动结果的原因，分析没有达到预期结果和失败的原因。基于这些反思来不断改进项目进程，是 PBL 中重要的一环。

PBL 不仅是一种强大的教学方法，更是推动高等教育变革的力量，是一种参与形式有意义、有目的的学习体验。通过培养终身学习和成功的知识、技能与气质，学生有信心在毕业后在新的工作岗位上胜任相应的工作。

1.1.2 面向工程教育的项目式学习

在当今快速发展的技术环境中，智能制造系统（Intelligent Manufacturing System，IMS）已经成为工程教育的一个重要组成部分。IMS 融合了人工智能、自动化、数字孪生和工业物联网等前沿技术，它提高了生产效率，也为工程教育提出了新的挑战和机遇。在此，我们探讨为何 PBL 适用于工程教育，并且是智能制造系统（IMS）相关学科的理想选择。

首先，智能制造系统（IMS）涉及的是一个跨学科领域，它通过融合先进的前沿技术与传统的制造工艺创造出高效、自适应和智能化的生产系统。IMS 运用人工智能、自动化等前沿技术重新定义了产品的设计、生产和交付方式。

IMS 的核心在于整合传感器、执行器、控制器和物联网系统等先进组件。这些组件协同作业，使机器和系统能够采集、分析数据信息并做出实时的智能决策。IMS 的关键要素主要包括以下工程学科：

1. 人工智能（AI）

AI 算法和计算模型赋予机器以学习、适应和执行传统上需要人类智能任务的能力。目前，正在进行各种研究，探讨在 IMS 中利用 AI 的具体方法。在选择 PBL 研究主题时，可以尝试挑战通过整合机器学习应用（如神经网络）构建新的 IMS。

2. 自动化

自动化包括控制系统和信息技术，用于在制造业中处理不同的流程和机械问题，且不需要人工干预。在大学课程中，学生可能会学习与自动化相关的领域，如控制工程和信息工程。在选择 PBL 主题时，如果学生基于这些知识来选定与 IMS 相关的项目，并学习如何应用他们所学的知识，那么这种有意义的经验将有助于学生未来的发展。

3. 连接技术

通过网络实现制造设备、计算机和系统的无缝集成，使它们能够高效地通信和协作。在许多情况下，学生可以在常规授课型课堂中学习系统集成的概念，但所获得的知识是抽象的，有其局限性。通过将系统集成引入 PBL 主题，学生可以通过实践培训学习设备是如何具体连接和集成的。

4. 数字孪生技术

数字孪生技术是创建物理系统或过程的虚拟副本，允许在虚拟环境中进行仿真、优化和监控。数字孪生技术已经开始在 IMS 以及许多其他工业领域发挥重要作用。通过思考在 PBL 中引入数字孪生相关的新主题，我们可以期待学生使用数字孪生技术产生创新性的结果。通过在 PBL 中引入数字孪生技术，学生将获得物理建模和仿真知识以及使用它们进行优化的技能。

5. 工业物联网（IIoT）

IIoT 是物联网技术在工业环境中的应用，可以连接设备、计算机和系统以收集和交换数据。IIoT 技术对于学生掌握系统集成技能也是至关重要的。特别是通过互联网将各种系统集成后可发现单个系统元素单独无法实现的新功能。将 IIoT 技术引入 PBL 主题将有助于提高学生的创造力。

IMS 不仅提升了生产效率，还为创新的制造实践开启了大门。它涉及人机协作，即工人与智能系统的互动，共同优化制造流程，形成一种共生关系。IMS 是工业 4.0 的重要组成部分，制造业的数字化转型正在推动下一场工业革命。通过推动生产系统的适应性、可持续性和持续改进，IMS 在塑造制造业的未来中扮演着至关重要的角色。

PBL 作为一种新的教学模式，符合现代工程教育的发展趋势。PBL 通过将学生置于真实的工程项目中，鼓励他们发展批判性思维、解决问题的能力、跨学科合作以及团队沟通技巧。对于学习 IMS 的学生和教授 IMS 的老师来说，PBL 是一种适合 IMS 相关学科的教学方法，不仅能帮助学生理解相关理论知识，更能让他们学会如何在实际问题中灵活运用这些知识。

PBL 方法重点突出要掌握知识和技能来应对复杂的挑战并创造解决方案。PBL 通过利用真实项目开展教学。所选项目都具备独特性，同时与现实世界中的开发项目类似，学生团队须在计划时间内完成项目。另外，学生需要理解项目的本质，这不仅仅是解决问题，还包括对项目的深入理解。

在 PBL 的学习环境下，学生可以亲身参与从项目设计到实施的全过程，这模拟了实际工作中工程师们面临的问题与挑战。例如，学生可能需要设计一个能够实时响应变化的智能制造系统，或者开发一个能够通过工业物联网进行高效数据交换的平台。通过这样的实践，学生不仅学会了如何应用他们的专业知识，还学会了如何进行团队协作、管理时间和资源，以及如何在截止日期前有效地完成项目。

综上所述，PBL 不仅与 IMS 的讲授和学习方法高度契合，而且能够有效地培养学生的实际工程技能，帮助他们为未来的智能制造系统领域做好充足的准备。通过 PBL，学生能够真正体验到工程实践的魅力，并在解决复杂工程问题的过程中实现自我成长，为现代工业发展贡献自己的力量。

1.1.3　PBL 的优势及面临的挑战

在工程教育中开展 PBL 具有一些优势，但也面临一些挑战。以下是 PBL 的主要优势和挑战。其中一些已经在 PBL 原则中进行过解释，然而从优势和挑战的角度来看，会产生对 PBL 的不同理解，也会有助于理解 PBL 的本质。

1. PBL 具备的优势

（1）实践学习

PBL 为工科学生提供了实践学习的机会。它要求他们通过边做边学的方式，将工程知识和技能应用于现实世界的问题和项目中。因此，学生可以发展实用技能，更好地理解工程理论。但同时，PBL 实施计划应提供足够的设备、组件和实验空间以及预算。

（2）项目独特性

PBL 的项目主题必须是独特的，学生团队成员尝试进行批判性思考，解决复杂的工程问题。进入项目主题后，学生发展解决问题的技能和创新思维，这些都是他们未来在工程领域取得成功的关键。这一特性是项目导向学习和问题导向学习之间的一个显著区别。当学生推进项目时，他们会深入讨论需要解决的问题。学生会明白，每个任务都包含一些独特的问题。学生会明白，问题越接近现实，问题就越复杂，解决方案就越多样化。有了这样的理解后，学生就可以定义项目交付物以解决重大问题，定义在给定时间内可以解决的范围，并努力解决可行的问题。据此，由于项目的独特性，学生更有可能形成创新。

（3）提升沟通能力

PBL 项目大多是基于团队的，这鼓励了学生之间的协作。这种经验对 PBL 至关重要，因为实际工程项目通常需要跨学科融合和团队合作。企业重视学生丰富的知识和高超的技能，但除此之外，他们还要求员工拥有许多重要技能。沟通技能被认为是这些技能中必需的。通过 PBL 活动，学生在团队中完成项目。自然地，学生可以通过角色分配、结果分享和意见交流来提高他们的沟通技能。这是在常规课堂中不容易实现的，被认为是 PBL 的重要优势之一。

（4）理解现实世界的复杂性

PBL 项目通常基于现实世界的工程问题。项目主题可使学生的学习体验与现实世界更加相关，并帮助他们理解其研究的实际应用。然而，假设我们将学生提出的问题替换为实际技术问题，让发现任务涉及利益冲突的各方，那么除非学生定义问题为谁解决，否则任务本身通常没有意义。有些问题可以通过应用单一技术领域的知识来简单解决，而其他问题则是需要通过整合各种技术领域的知识来解决。当教师考虑 PBL 的主题时，最好给出一个包含实际问题复杂性的主题，而不是一个简单的主题。这可拓宽学生的视野，并提升发现新颖解决方案的可能性。

（5）跨学科学习

PBL 通常涉及跨学科项目，要求学生利用他们从多个工程和其他主题相关的学科中获得知识和技能。PBL 的这一特性鼓励跨学科学习，并允许学生发展更广阔的视野。双专业和双学位制度中，课程包括一个主要的知识体系和一个次要的知识体系，学生可以获得不同学科的学位，掌握两门不同的学科知识。在这种情况下，教师可以轻松地将跨学科主题的 PBL 型课程引入课程中，这对学生的学习是有帮助的。

(6) 创造力和创新精神

PBL 鼓励创新，学生可以探索解决问题的不同方案和方法。其注重创造力和创新与基于问题的学习不同，后者使用预先确定的问题，要求学生找到通常已经存在的解决方案。在一个项目中，学生试图在截止日期前找到更好的解决方案。许多创新通常源于想法的新组合，这就是为什么创新有时被称为"新组合"。除 PBL 项目的独特性外，学习过程还整合了多个团队成员的想法，而不仅仅是一个人。在这个过程中，你可以通过组合多个想法来设计主题，而不是只设计一个想法的主题。通过这种方式，可以说 PBL 学习在可能创建新连接方面优于其他学习方法，并且作为结果，学生可以在学习过程中了解什么是创新。

2. PBL 面临的挑战

(1) 资源限制

PBL 是一个资源密集型的教学方法，可能需要一定量的材料、设备和设施支持。PBL 项目要想获得必要的资源和支持需要花费时间和精力，对于大型或资源不足的机构来说开展 PBL 尤其如此。

(2) 师资队伍建设

教师需要接受专门的培训以掌握 PBL 的设计和实施，特别是对于初次接触 PBL 的教师来说，掌握所需的专业知识和技能可能存在难度。许多大学教师不习惯于讲授型和实验之外的教学方法。许多教师认为引入 PBL 是一种负担。因此，我们后面将解释为何引入合适的教师发展规划至关重要。

(3) 评估问题

评估在大学高等教育中的作用非常重要，PBL 项目的评估通常较为复杂和耗时，制定合适的评价标准和给学生提供有建设性的反馈是一项挑战，需要确保公平和客观。

(4) 时间管理

PBL 对学生的课外时间和教师的教学时间都提出了较高的要求，平衡 PBL 与其他课程可能存在挑战。如果通过简单地在课程中添加 PBL 来开始课程，教师的工作量自然会增加，学生的工作量也会增加。在设计课程时，需要在不增加科目数量的情况下留出时间，以便学生能够快速适应 PBL 学习。

(5) 学生的适应问题

一些学生可能对 PBL 有抵触情绪，特别是那些习惯了传统讲授式教学的学生，帮助这些学生适应 PBL 并取得成功需要特别的关注和指导。常规课程的学生通过教师的课堂获取知识，并尝试找到任务的正确答案。而 PBL 学习的特点，如团队解决问题和项目结果没有单一的正确答案，可能会使学生感到困惑。教师的任务之一是向这些学生解释 PBL 的学习方法，并引导他们适应团队学习。

尽管存在这些挑战，但 PBL 通过为学生提供参与性、实践性和相关性的学习体验，在工程教育方面显示出了显著优势。高等教育工作者可采取相关措施，最大化 PBL 对学生的积极作用。

1.1.4 PBL 简史

在本节中，我们简要回顾 PBL 的历史，它涵盖了问题导向学习和项目导向学习。美国著名的哲学家和教育家，被誉为"体验教育之父"的 John Dewey（1859—1952 年），提出了

"实验学习"的理念,这一理念是项目导向学习的基础,其核心是"学习源于经验"。他大力推广了一种观点,即教育应当根植于现实世界的经验和问题解决之中。虽然他未曾使用"做中学"这一术语,但他确实提出了"做中学"的概念,并强调了批判性思维和学生在教育过程中的积极参与。"做中学"这一表述是项目教育的起源之一。在这些思想中,Dewey的理念得到了凝练。他坚信"教育的目的不仅仅是知识的传递,还包括思维能力的发展",并倡导通过解决实际问题来促进学习。

图 1-1 展示了基于 Lewinian 的实验学习模型的学习概念,该模型融入了工程控制理论中借鉴的反馈机制。David A. Kolb 具体阐释了该概念,指出它源自 John Dewey 最初的"实验学习"理念。

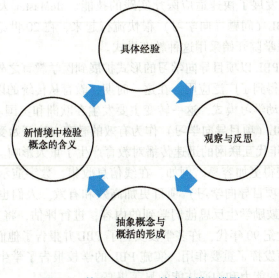

图 1-1 基于 Lewinian 的实验学习模型

20 世纪 20 年代,美国教育家 William Hurd Kilpatrick(1871—1965 年)与杜威合作提出了项目方法的理念。随后,他就项目方法的基本理论和实践提出了各种建议,对教育界产生了重大影响。Kilpatrick 强调了学生选择、探究和在学习过程中的合作。在这种项目方法论中,我们可以看到现代项目导向教育的起源。

接下来,在欧洲意大利医生和教育家 Maria Montessori(1870—1952 年)发展了蒙特梭利方法,该方法侧重于自我指导的学习、探索和发现。作为第一位获得医学博士学位的意大利女性,Montessori 利用科学知识强调要创造一个良好的学习环境,让学生有机会发展自己的兴趣和好奇心。她还因对早期教育的贡献而闻名,特别是对智力残疾儿童的教育,这改变了教育世界。她的理论和方法至今仍在继续发挥作用,世界各地有许多这样的学校。这种教育侧重于学前和 12 岁以前的小学教育。其理念类似于项目导向学习,如自我指导的学习、探索和发现。还有两种与 12 岁以下儿童的 PBL 相关的更著名的方法。一种是奥地利哲学家和教育家 Rudolf Steiner(1861—1925 年)开发的斯坦纳方法;另一种是第二次世界大战后意大利的 Reggio Emilia 开发的方法,它侧重于学前教育。

随后,在医科类大学发展出了问题导向学习,在工程类大学发展出了项目导向学习。20 世纪 60 年代,加拿大 McMaster 大学医学院引入了 PBL(问题导向学习)。当时,医学教育以知识获取和以讲座为中心的课程为主导。然而，将课堂上获得的知识直接应用于诊断和治疗患者是棘手且危险的。为了弥合讲座与医疗技术领域之间的差距，医学院校开始寻找新的教学方法。McMaster 大学医学院将其培养计划从传统的授课型课程转变为实施 PBL（问题导向学习）方法的课程。该大学的 PBL 课程旨在将学生分成小组，在导师的指导下研究现实世界的临床案例。

首先，学生独立分析问题，确定所需知识，收集信息并找到解决方案。然后，学生通过具体的临床案例学习并与团队成员合作解决问题。虽然导师指导学生讨论并在必要时提供建议，但学生被指导自己找到解决方案。实施这种 PBL（问题导向学习）显著提高了学生解决问题的能力、批判性思维、自学能力和团队合作技能。通过在现实世界的临床环境中学习，医学院的学生已经发展了快速适应医疗实践的技能。McMaster 大学的成功激励了其他医学院和教育机构。PBL（问题导向学习）很快流行起来，在 20 世纪 60 年代末和 20 世纪 70 年代，世界各地的医学院开始采用这种教育模式。

20 世纪 90 年代的 PBL 以项目导向学习的形式扩展到医学教育之外的其他领域。从小学教育到高等教育，它都得到了广泛应用。在这一时期，教育从传统的以讲座为基础的模式转变为以学生为中心的主动学习模式，这一转变主要发生在欧洲和美国。在这种情况下，PBL（问题导向学习）和 PBL（项目导向学习）作为有效的教育方法开始受到关注。

此外，20 世纪 90 年代互联网的迅速传播对教育产生了重大影响。数字工具和在线资源使 PBL 的数字化实施变得更加容易。例如，在线信息收集、数字演示工具和项目管理软件被引入课堂，使 PBL（项目导向学习）项目更加高效和有效。人们也意识到内省实践的重要性。在整个项目中，鼓励学生反思他们学到的内容，进行评估，将其应用于下一个项目，并不断提升自己。20 世纪 90 年代，许多学校实施了 PBL 并报告了他们的结果。这些案例研究在展示 PBL 效果方面发挥了重要作用。实施 PBL 的学校报告了学生学习成果的改善以及批判性思维、解决问题的能力和沟通技能的显著提高。

21 世纪初，互联网的进一步传播和技术的发展使 PBL 更加流行。电子学习平台、教育软件和虚拟实验室的出现推动了在线学习和 PBL 的整合。混合学习，即结合传统课堂和在线学习，在许多教育机构中很普遍。PBL 在此模型中至关重要。

如今，问题导向学习和项目导向学习与先进技术紧密相连，教育中使用了许多数字工具，如 Google Classroom 和 Microsoft Teams 等平台。现在使用在线协作工具进行项目管理，以及使用虚拟现实（VR）和增强现实（AR）进行体验式学习越来越受欢迎。因此，使用数字技术的 PBL 正在被重新审视为有效的学习方法，即使在远程环境中，学生也可以协作开展项目，以保持学习的连续性和质量。

PBL 的发展历程体现了其核心教育理念：教育的相关性、参与性和以学生为中心。随着教育需求和环境的变化，PBL 将不断适应和演变，继续作为一种强大而变革性的教学方法在教育领域发挥重要作用。

1.2 PBL 的实施过程

引入 PBL 教育方法至大学课程时，我们需要明确 PBL 课程的学分设置。这意味着我们需要决定一门采用 PBL 模式的课程应分配多少学分，以及需要多少学时来实现这一目标。

在本节中，我们将通过具体案例说明如何量化 PBL 所需的时间。接下来，我们将阐述如何在既定的教学日程内合理安排 PBL 的教学过程。

1.2.1 PBL 的具体流程

PBL 是高等教育中一种重要的教学方法，它通过一个结构化的过程指导学生规划、执行和反思项目。下面是对 PBL 具体流程及其在高等教育中应用的概要描述，具体流程如图 1-2 所示。

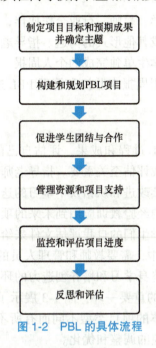

图 1-2　PBL 的具体流程

1. 制定项目目标和预期成果并确定主题

首先，指导老师向学生解释 PBL 的目标，包括学生将通过 PBL 活动获得的预期成果。接下来，指导老师通过讲解展示问题的相关领域来说明如何确定项目的主题。在大多数情况下，项目需要解决的问题对课程中的几个团队来说是共同的。例如，如果学生想要使他们的大学生活更加舒适，他们将被展示一个主题框架，如智能校园，然后每个团队将提出自己的项目主题。例如，可以根据熟悉的问题设定主题，如校园内部的简易导航方法或课堂上学生出勤确认的自动化方法。接下来，确定好 PBL 课程时间内可交付的成果，这也是项目的目标之一。一旦项目目标确定，学生和指导老师将协作制定目标和预期成果。这个过程包括确定学生必须获得的知识、技术和能力，其中确定 PBL 可获得能力是 PBL 最关键的目的。

2. 构建和规划 PBL 项目

学生通过将项目划分为任务和活动、分配角色和责任、建立时间表和预算来规划和组织项目。他们确定项目所需的资源和支持并制订计划。在这个过程中，学生将学习如何开发 WBS（工作分解结构）和甘特图。

3. 促进学生团结与合作

PBL 是一个项目，因此，每个团队必须有一个项目管理者，该管理者是团队中的学生。项目管理者在老师的指导下促进团队合作。然后，学生参与项目活动，包括研究和查询，以收集问题的有关数据,同时探索使用各种研究方法、工具和资源来探索问题的不同方面。

4. 管理资源和项目支持

学生根据他们的调研工作为问题提供解决方案,设计、创建并测试模型或相关产品,解决问题并实现项目目标。指导老师需要管理学生在项目进行中所需的材料、设备以及研究成本,同时为学生提供其他支持,确保他们的项目顺利进行。

5. 监控和评估项目进度

学生向更广泛的受众,如同学、教师、行业合作伙伴,展示和分享他们的项目成果。这个过程可包括演讲、展览、报告或其他形式的沟通。指导老师也可以要求学生提交周报,这不是团队的单一报告,而是每个学生单独完成的个人周报。PBL 的评分不是基于团队,而是基于每个学生的表现。老师可使用周报来监控和管理 PBL 进展,这是累积评估每位学生活动的重要数据。

6. 反思和评估

在项目进行中,学生反思 PBL 过程和成果,评估自己的表现,确定改进领域。周报对于记录他们对项目的贡献度和自我评估至关重要。指导老师收集学生的周报,并向学生提供反馈和评论。PBL 是一个涉及持续改进和从错误中学习的迭代过程,学生可以根据反馈和反思来改进他们的工作,并将学到的经验教训应用到未来的项目中。项目完成后,学生需要进行自我评估。指导老师通过检查学生们的自我评估文件来给出每位学生的分数。

在高等教育实施 PBL 的过程中,需要教师和管理人员的精心策划、协调和支持,此外,还需要营造一个支持创新、鼓励终身学习和培养创造力的环境。

PBL 项目计划是 PBL 流程中的重要一环,图 1-3 展示了一个 PBL 项目的计划示例。值得注意的是,这个示例会根据具体的项目类型不同而有所不同。因此,为了符合 PBL 的特点和需求,流程设计还可进行相应的调整和优化。

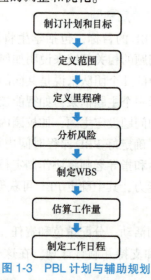

图 1-3　PBL 计划与辅助规划

1. 制订计划和目标

首先,与指导教师探讨 PBL 项目的目标。学生通过学习知识和技能,以及评估体系的构建,明确学习目标。由于这与学生的评分直接挂钩,因此需要明确区分项目的目标与 PBL

或教育目标的不同，不同的视角会导致目标有所差异。

指导老师需要向学生阐明教育目标，学生应学会理解如何界定项目目标，确定项目的主题对界定项目目标至关重要。如前所述，指导老师向学生展示项目领域，以便他们能够确定项目的主题。这个领域涵盖了学生在学习中遇到的复杂问题。

在指导老师提出项目领域的建议后，学生团队讨论并得出项目的具体主题。产品目的与项目目的有所区别。作为教育方法，PBL将目的定义为教育成果，目标是确认目的实现的具体指导方针。图1-4展示了在设定目的和目标时需要考虑的因素，图1-5则提供了一个教育目标的示例——AIIT（日本东京都立产业技术大学院大学）。

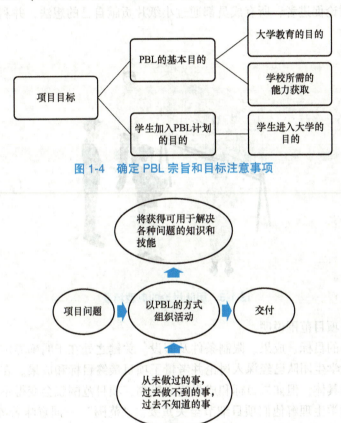

图1-4　确定PBL宗旨和目标注意事项

图1-5　PBL教育目标示例（AIIT）

2. 定义范围

项目范围是对项目必须实现的目标、成果、任务和资源的明确界定。一旦确定了范围，我们就会明确必要的里程碑事项，分析预期风险，并构建工作分解结构（Work Breakdown System，WBS）。接着，我们将估算预期的工作量，并以甘特图的形式呈现项目进度计划。可以按照以下步骤进行。

第一步：清晰界定项目的最终目标和成果。

在老师的指导下，学生团队明确界定项目的最终目标和成果。为此，老师或学生需要充当讨论的促进者，营造一个便于学生提出各种想法的环境。做法是让学生尽可能多地提出建议，并将这些建议写在纸上，然后将纸张贴在墙壁或白板上以便进行讨论。

提出一些建议后，可以使用这些建议纸将相似的建议归类。如果持续这个过程，最终，你可能会得出一个统一的建议，或者在最后剩下多个建议。如果最后剩下多个建议，所有学生将根据在给定时间内的可行性对这些建议进行排序，此时他们的角色转变为项目实施者而非仅仅是提议者。此外，通常通过讨论来确定最合适的建议。老师将总结他们在这一领域的知识，实施PBL，并提供指导，以确保最终目标和成果能够顺利确定。

我们还将审视并理解参与此项目的利益相关者的期望和需求。谁将从这些成果中获益？谁是你的目标客户？如果使用了这个项目的成果，会有人受到不利影响吗？你还需要能够界定回答这些问题的项目目标和成果。图1-6展示了一个团队讨论的典型场景。手持小纸片的成员是该项目的讨论促进者，所有成员都通过小纸片贡献自己的想法，并利用白板和小纸片来讨论问题。

图1-6 团队讨论的典型场景

第二步：制定项目范围说明。

详尽阐述项目的目标、成果、限制条件及假设。关键之处在于明确界定本项目将做和不会做的事情。假设学生团队已经深入讨论并考量了项目最终目标和成果。在这种情况下，项目范围说明将更为具体，但如果目标和成果定义模糊，项目范围就会变得不明确。撰写项目范围说明对于帮助学生理解他们项目细节至关重要。"范围"一词意味着界定项目的范围，只有对目标有清晰的理解，才能定义项目的范围。

第三步：与利益相关者达成共识。

在实际项目中，需要识别出利益相关者。然而，在学术教育项目中，具体识别利益相关者较为困难，因此可以由教师成员担任预期的早期利益相关者角色，其他团队的学生也可扮演这一角色，或者在必要时邀请大学之外的公司员工来担任利益相关者。随后，向这些利益相关者解释项目范围说明，并收集他们的反馈。根据收到的反馈，对项目范围进行必要的调整，并争取所有利益相关者的共识。这项工作的重要性不在于单独在项目开始时确定其意义，而在于确保在利益相关者的支持下，项目的实施是可行的。

第四步：详细界定交付成果。

明确地定义项目的交付成果。如果需要制作原型，就要为成果设定具体的质量标准，比如你打算达到的生产水平。许多工程项目在这一阶段可以让你获得产品设计的经验。然而，详细的产品设计通常安排在项目实施阶段的初期。在这种情况下，在项目实施之前，需要先进行成果的概念设计。

3. 定义里程碑

里程碑指的是项目进程中的关键事件或成果，它标志着项目发展的重要节点。利用里程碑，我们可以监控项目进度，确保关键成果和任务的顺利完成。里程碑的设定与工作分解结构（WBS）完成后的计划安排有所区别。它们往往预先设定在特定日期，明确了那一天必须实现的关键事件。例如，决定每周举行一次例会，这也是里程碑的一部分，与 WBS 所制定的计划安排并不相同。设置里程碑可以帮助我们更清晰地规划项目，定期监控进展，从而及时发现风险并采取应对措施。在软件开发领域，图 1-7 展示了一个典型的里程碑示例。确立这些里程碑，将有助于提升项目管理的效率和效果。

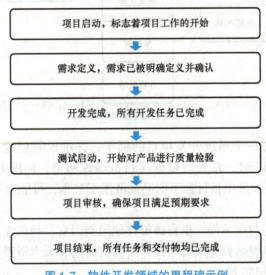

图 1-7 软件开发领域的里程碑示例

4. 分析风险

在项目规划过程中，必须对潜在风险进行深入分析，并将这些分析结果整合到项目计划中。虽然风险分析有时在工作分解结构（WBS）初稿完成后进行，但更常见的做法是与 WBS 的制定同步进行。图 1-8 展示了风险管理的循环过程，这种风险管理活动通常是需要在 PBL 项目中实施的。

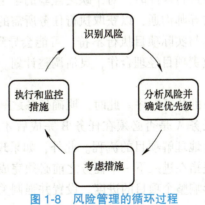

图 1-8 风险管理的循环过程

5. 制定 WBS

工作分解结构（WBS）是一个重要的项目管理工具，它定义了项目的总体范围，并将其分解为可管理的部分。这种结构有助于项目经理跟踪各个组成部分，从而更有效地计划、组织和管理项目。WBS 的每一级都代表了对项目工作更详细的定义。

团队起草项目工作的 WBS。需要强调，WBS 要越做越具体。随着项目的进展，WBS 会变得更加详细。图 1-9 展示了 WBS 的起草流程。

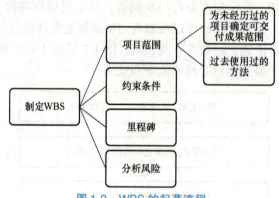

图 1-9　WBS 的起草流程

接下来，我们将通过一个系统开发项目的例子，详细说明创建工作分解结构（WBS）的具体步骤。在创建 WBS 时，首先要根据项目范围说明书，回顾并明确项目的目标，如图 1-9 所示。简而言之，如果项目目标不明确或范围不清晰，可能会导致不必要的任务被纳入，因此需要格外小心。

然后，考虑图表中的约束条件、里程碑等其他限制因素，列出实现项目目标所需的各项任务。在这一过程中，准确估算完成每项任务所需的时间和人力资源至关重要。

制定 WBS 的具体步骤如下：

（1）列出所有任务

无论如何，WBS 的构建始于全面列出所有与项目相关的任务。如果按照从大类到子类的思路来列举任务，会发现这个过程更为顺畅。有意识地根据任务的持续时间和规模，例如执行任务所需的时间和步骤数量，对任务进行分类，也有助于更好地组织任务结构。将耗时较长的任务分解为较大的类别，可以使工作分解更加高效。

在对任务描述的详细程度进行匹配时，对于缺乏经验的学生来说，估计所需时间可能会比较困难。在这种情况下，与导师沟通，以获取执行任务所需的时间和人力资源的估计是一个明智的选择。如果这种估算与实际项目执行不符，可能会导致任务延期。在这种情况下，需要采取相应措施，比如与负责项目经理合作，灵活调整计划。

（2）确定任务顺序

需要确定你识别出的任务的执行顺序。此时，明确任务之间的依赖关系至关重要。澄清任务之间的依赖性，例如，任务 A 是否必须在任务 B 完成后才能开始，或者它们是否可以并行执行，这将有助于你更好地理解项目的流程。此外，如果现在确定"关键路径"，将有助于项目的管理。关键路径是指在进入下一个任务之前必须完成的前提任务，或者是耗时最长的任务。任何延误都可能影响整个项目的进度。设置并强调关键路径，有助于立即识别和跟踪关键任务,这在项目管理中可以有效地预防项目延期。表 1-1 展示了 WBS 中软件开发任务的有序列表。

表 1-1 软件开发任务的有序列表

分 类	子 类
需求定义	1. 与客户进行交流 2. 分类客户的必要条件和期望条件 3. 与客户建立共识 4. 制定需求定义文档
开发	1. 系统设计 2. 用户界面设计 3. 用户界面开发 4. 编码
测试	1. 单元测试 2. 接口测试 3. 系统测试 4. 用户验收测试 5. 修复 6. 结果报告

（3）组织项目任务

一旦完成任务识别与排序,就必须组织好这些任务并创建一个工作分解结构（WBS）。重要的是要意识到任务之间的关系来组织它们。同样重要的是为每个任务指定一位负责人,明确谁对错误和延误负责,这对项目的顺利进行至关重要。图 1-10 至图 1-12 显示了 WBS 的任务结构。

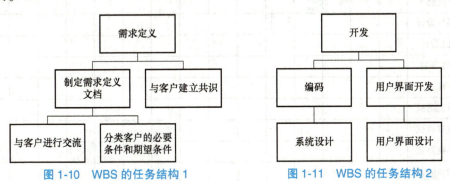

图 1-10　WBS 的任务结构 1　　　　图 1-11　WBS 的任务结构 2

（4）与利益相关者共享

在工作分解结构（WBS）制定完成后,应将其与团队成员、指导老师以及其他利益相关者进行共享。广泛征求他们的意见可以帮助我们进一步细化 WBS,确保项目所需的各项任务都能得到妥善识别和规划。

6. 估算工作量

该工作需要通过评估里程碑中所列事项的耗时、在制定工作分解结构（WBS）时对每项任务所需工作量的考量、团队整体的负担以及每位团队成员角色分配的负担来实现。确保学生之间的工作量均衡至关重要。此外，即便事先分配了工作量，项目进度的延误等情况仍有可能出现。为了能够灵活地调整工作量，必须提前讨论如何执行角色转换、学生间的相互支持等策略，并充分考虑各种备选方案，以确保项目的顺利进行。

7. 制定工作日程

甘特图是一种将项目的时间表和进度可视化的图表工具。在这种图表中，任务作为垂直轴，日期则作为水平轴。该图表由机械工程师和管理顾问 Henry Gantt 发明。甘特图主要用于项目启动后的时间规划和管理。甘特图的制作是基于项目截止日期，逆向推算出各个任务的开始和结束日期。通过甘特图可以将整个项目划分为若干阶段，并清晰地掌握每个任务组的进展情况。表 1-2 展示了根据该步骤中解释的工作分解结构（WBS）制作的甘特图。在此甘特图中，并未直接列出里程碑，但在制定整体时间表时，里程碑会与 WBS 中定义的分类相结合，形成完整的时间规划。表 1-2 是本节所示项目任务甘特图的一个示例。

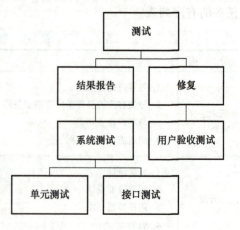

图 1-12　WBS 的任务结构 3

表 1-2　甘特图示例

类别	子类	第1周	第2周	第3周	第4周	第5周	第6周	第7周	第8周
需求	交流	■							
	分类		■						
	共识		■						
	文档			■					
开发	系统设计			■					
	UI 设计				■				
	UI 开发				■				
	编码					■			
测试	单元测试						■		
	接口测试						■		
	系统测试							■	
	用户验收测试							■	
	修复							■	
	报告								■

甘特图的创建提供了一个可视化工具，让大家能够清晰地看到整个项目的时间安排。在项目推进过程中，任务提前完成或出现延误都是常见现象。在甘特图的制定阶段，经验丰富的利益相关者需要提前评估时间表的可行性。大家可能需要反复确认时间表，必要时增加人

力资源，以确保项目能够按期完成。通过这种方式可以制定出一个合理的时间安排。此外，甘特图的共享使得项目的整体流程、开始和结束日期以及工作进度一目了然，有助于项目经理和团队成员迅速发现并纠正任何不符合计划的安排。

甘特图也有其局限性。首先，它依赖团队成员的个人理解和判断来把握和推进详细任务，单靠甘特图可能难以有效管理。换句话说，甘特图主要用于提供一个项目宏观视角，可以帮助大家高效地掌握项目的整体时间线，但如果试图在其中塞入过多的细节和信息，将难以通过视觉方式进行有效学习，且有可能削弱甘特图的功能。其次，甘特图不适用于那些充满不确定性的项目。在那些容易出现故障排查、规格变更或突发性开发等不可预测事件的项目中，即使可以预见这些事件的发生，但它们的确切发生仍然不明确，这就需要不断地更新甘特图。在这种情况下，甘特图的管理作用就会受到限制。因此，如果预计项目需要特别灵活应对，那么项目管理方法就需要另外考虑。

在 PBL 中，团队成员可能会讨论并为当前阶段设定时间表，而对于未来的计划则保持一定的灵活性。未来的时间表不必过于严格固定，但总体工作量和时间框架应保持不变。随着项目的推进，时间表需要变得更加具体。即便你的 PBL 时间表目前还比较宽松，我们还是建议你在项目开始时就着手制定甘特图。这将有助于培养你的项目管理思维。

同时，制定一个辅助计划来确保 PBL 的顺利进行同样是一个非常明智的选择。图 1-13 展示了如何制定这样一个辅助计划。

让我们先来讨论沟通计划的重要性。一个有效的沟通计划对于确保项目团队成员之间的信息共享和协作至关重要。它有助于预防误解和信息泄露，同时能促进建立与教师及利益相关者之间的良好关系。其中的首要任务是识别项目中涉及的所有利益相关者，包括团队成员、教师和客户，并理解他们在项目中的角色。接着，选择适当的沟通工具，例如，电子邮件、会议、聊天工具和项目管理软件，并规划定期会议和报告提交的周期。此外，沟通计划还应明确信息共享的机制、报告的格式和反馈流程。

图 1-13　PBL 辅助计划

进一步，需要确定组织内的角色分配。这涉及明确每位成员的职责和任务，确保项目的顺畅运作。首先，定义项目所需的角色，例如，项目经理、开发人员、设计师等，并为每个角色界定相应的职责。为此，团队需要相互了解各自的技能和经验，进而合理分配角色。角色和职责确定后应将其文档化，以便团队成员随时查阅和回顾。如果在项目实施过程中发现角色分配不当，则应及时进行调整。

问题/风险管理计划旨在识别项目过程中可能出现的问题和风险，并采取相应的预防和应对措施。在项目初期，识别可能遇到的风险。评估这些风险的影响范围和发生的可能性，并按优先级排序。为每个风险制定预防措施，并为可能发生的事件准备应对策略。定期监控已识别的风险，并在风险出现时迅速做出反应。记录风险管理过程中的所有行动，包括风险规避和风险发生后采取的措施。

如果在项目进行中需要调整计划，那么应制订相应的变更管理计划。明确团队成员提交变更请求的流程以及变更审批程序。评估变更对项目整体（如时间表、成本、资源等）的潜在影响。一旦做出变更，应及时向所有利益相关者通报变更内容、原因及其影响。明确变更审批权限，并确保变更批准后得到有效执行。记录所有变更及其对项目的影响，并保留详细记录。图 1-14 展示了 PBL 项目开发讨论概览，包括工作分解结构（WBS）的构建和项目范围的界定等。

图 1-14　PBL 项目开发讨论概览

1.2.2　范例

本节将介绍一个 PBL 方法的具体流程范例，该流程主要依据日本东京都立产业技术大学院大学（AIIT）所开展的 PBL 方法（AIIT PBL）。

1. AIIT PBL 课程的学分

在 AIIT 的培养计划中，PBL 课程占 12 个学分，其中第一和第二学期各 6 个学分。

2. 能力结构

AIIT PBL 旨在让学生掌握信息系统开发、智能制造等行业所需的能力和相关知识以及完成具体工作所需的实践能力。学校将学生通过 PBL 方法获得的工作绩效技能定义为能力。如图 1-15 所示，能力包括 3 项通用的元能力和每门课程定义的核心能力。

```
元能力
- 人际交流
- 持续学习和研究
- 团队合作
```

```
信息系统架构课程的核心能力
- 能否产生创新的概念和想法
- 社会和市场导向的观点
- 需求分析能力
- 建模和系统搭建
- 管理技能
- 文档处理能力
```

```
创新与设计工程课程的核心能力
- 创意生成能力
- 表达能力
- 设计技巧
- 开发技能
- 分析能力
```

图 1-15　元能力和课程核心能力

3. 团队组织和指导架构

团队通常由 5 位同学组成，每位都是 AIIT PBL 团队活动中的成员。团队成员设定共同目标，在团队中履行各自的职责，并作为一个团队共同取得成果。团队在成果研发、解决问题的过程中完成学习。

每支团队将由 1 名指导教师担任主要负责人，2 名指导教师担任副负责人。在团队学习活动中，对团队成员进行评估。AIIT 设计了一套评估系统，让 3 位指导教师尽可能客观地评估学生的表现。图 1-16 展示了 AIIT PBL 课程实施的总体时间安排表。

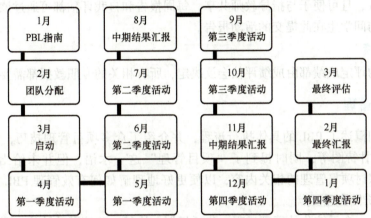

图 1-16　AIIT PBL 课程实施的总体时间安排表

4. PBL 活动

学生在第一阶段制定项目计划。团队需要计划好如何使用工作时间、每周活动要达到的标准以及具体如何开展项目活动。可使用 AIIT PBL 支持软件系统进行项目活动计划和报告。通过使用该系统，导师可以清晰地了解每位学生的具体活动情况。

AIIT PBL 支持软件系统中，学生提交的 PBL 活动报告的主要内容包括：

1) 记录项目活动的细节，并将内容输入至 AIIT PBL 支持软件系统的 Backlog。
2) 向 AIIT PBL 支持软件系统的 LMS（学习管理系统）提交个人活动的记录周报。
3) 每季度向 LMS 提交一份自我评估报告。
4) 在第一和第二学期结束时提交项目活动报告。
5) 在第二学期结束时提交年度活动报告（供公开发布）。

5. 周报和自我评估

团队同学每周都要针对一周的活动和项目进展进行汇报。周报主要是为了了解学生个人活动的具体情况。

学生每年提交 4 次自我评估，以反思自己的学习情况。通过自我评估，学生可以在每个季度末对自己的项目活动进行反思，记录自己的收获和能力提升。自我评估主要用于 PBL 活动的质量评估。此外，学生在第二季度末提交一份约 2000 字的第一学期项目活动报告。然后，在 PBL 课程结束时，提交一份约 2000 字的项目活动报告，以反映这一年的情况，活动报告可在网上公开。

6. AIIT PBL 支持软件系统

为支持 AIIT PBL 活动，引入了 2 个支持软件系统。

（1）Backlog

Backlog 系统用于管理 PBL 项目和文件，功能包括进度管理、问题管理、维基百科和文件共享等功能。通过使用 Backlog，团队学生可以顺利开展 PBL 活动。此外，指导教师也可以访问 Backlog，查看项目的进展情况和具体成果。

（2）LMS

第 2 个系统称作 Manaba 的学习管理系统（Learning Management System，LMS），用于学生提交活动报告，且可便于与指导教师共享。每周报告和自我评估都可通过该系统提供，所有导师都可以访问学生在此提交的活动报告。

7. 学生成绩

每位学生的评定成绩都由成绩评估会议决定，所有相关的专职教授都需要参加。

1.2.3 项目管理

前面，我们概述了 PBL 的具体执行流程，并介绍了众多项目管理技巧，包括工作分解结构（WBS）、甘特图等，同时提到了"项目管理"这一术语，但并未给出其详细定义。第 2 章将深入探讨项目管理的相关内容，以便更好地理解如何有效管理 PBL 流程。本节将会介绍 PBL 的项目管理要点。

项目管理是一个系统化的管理过程，包括规划、执行、监控和总结整个项目流程，通过该流程以达成项目的设定目标。正如本章多次提到的，每个项目都有其期限性，具有明确的开始和结束时间，且项目的成果与日常工作不同，都具有独特性。

1. 范围管理

PBL 的范围管理是指明确定义项目范围并规划、执行和监控该范围内活动的过程。这对项目的成功至关重要，以下是 PBL 中范围管理的详细说明。

（1）项目定义和目标设定

明确项目的目标、领域和交付成果，这将是 PBL 中团队学生与教师之间的基本协议。在项目开始时定义项目范围，可以让学生专注于执行必要的任务，并防止学生执行超出项目主题范围的额外任务。同时，目标设定时需要设定具体、可测量、可实现、与项目相关和时间敏感的目标。

（2）需求收集

可以向所有的利益相关者收集需求，包括学生、教师和行业专家。同时创建需求收集文档，记录所收集的项目需求，以供项目后续参考和变更管理。

（3）管理和控制范围

在项目开始前设置项目范围的基线，并基于此管理范围变更。在变更管理流程中，需要建立正式的变更管理流程，包括提交变更请求、变更影响评估和变更批准/拒绝。同时随着项目的进展，需要定期审查和监控项目范围，确保实际交付成果与计划一致。

另外，在实施 PBL 时，范围管理中有两点很重要。第一是分享学习目标，在项目开始时与学生分享学习目标，使他们对自己的学习有掌控感。第二是定期召开反馈会议，随着项目的开展，定期举行项目相关的反馈会议，可确保我们的项目在可控范围内，并且如有需要可进行必要的调整。

2. 时间管理

PBL 的时间管理主要是创建项目时间进度表并监控项目任务的进展情况。时间管理最重要的作用是持续地掌握每项任务是否会出现延迟，并实施诸如延迟处理等管理措施。以下是 PBL 中时间管理的一些有效措施。

（1）设置里程碑

为整个项目设置时间线，并确定开始和结束日期以及关键里程碑的时间节点。里程碑包括每周或每月定期的会议和预定的文档提交日期。

（2）通过划分进行优先级排序并创建 WBS

将项目分解为更小的任务，明确每项任务的细节，然后根据每项任务的重要性和紧迫性进行优先排序，以便优先完成重要任务。我们将基于此创建工作分解结构（WBS）。

（3）创建甘特图

使用 WBS 和里程碑创建甘特图，创建每日和每周的时间表，并分配每项任务所需的时间。同时需要留出一定的缓冲时间以适应项目进展过程中的意外延迟和变化。

（4）监控和审查进度

设置定期的进度管理会议，团队成员分享进展，审查延迟或过早完成的任务，并及早识别和解决问题。

（5）调整和反馈

保持灵活的时间表以适应项目计划中的任何变化。收集团队成员和利益相关者的反馈，对时间管理进行相应改进。

在 PBL 实施过程中，也有一些措施可以帮助我们更好地进行时间管理。在项目开始时举行启动会议，审查时间表和日程安排。除整个项目的大型里程碑外，还可设置一些旨在完成每项任务的迷你里程碑，以便获得成就感。每周定期报告项目的进展，以确保项目能按时完成。

PBL 中的时间管理是团队学生自主学习和项目成功实施的重要基础保证。良好的规划和执行控制可以提高项目质量和学生的成就感。

3. 成本控制

PBL 中的成本控制指的是制定项目预算并控制成本的管理。如果完成项目任务会产生开销，管理它们以确保总成本不超过整个项目预算，同时保持与其他任务所需费用的平衡非常重要。在 PBL 中控制成本的具体措施如下。

（1）成本计划

明确项目的范围，包括目标、交付成果和所需资源，并相应地列出计划成本。具体来说，列出实施项目所需的所有开销，包括耗材、设备、人力、软件和行业专家咨询费用等。

（2）成本估算

通过类比估算项目所需成本，可利用基于历史数据决定或向承包商请求报价的方法。

（3）成本控制

建立所需项目预算的基线，并在项目进展中监控和控制成本。定期跟踪实际成本并与预算进行比较。然后，分析计划和实际成本之间的差异并确定原因，根据需要采取纠正措施。

（4）成本降低策略

通过优化资源，利用和消除浪费来降低成本。考虑是否有与其他项目共同的材料，或者如果有可以在未来项目中使用的共同材料，采用批量购买或联合采购等手段来降低成本。

另外，在 PBL 的实施过程中，对于学校活动或实地考察主题的项目，需要计划好交通、场地等费用，并估算每项成本。提前为每个团队小组分配预算，并在项目实施期间定期检查成本，以确保活动在预算范围内，并实时查看预算和实际成本之间的差异。PBL 中成本管理对项目的成功实施至关重要，适当的计划和管理可以确保项目在预算内完成，确保学生获得有意义的项目学习体验。

4. 质量控制

PBL 中的质量控制管理是指确保项目交付成果和流程可达到预定标准和期望，在 PBL 中执行质量控制管理的具体措施如下。

（1）建立质量标准

在项目开始之前，为交付成果和流程设定具体目标，包括学习成果、项目完整性和演示质量。然后，详细定义预期的质量标准，包括项目交付成果偏离期望质量的容忍标准。

（2）质量控制计划

制订计划以确保项目每个阶段的质量，包括质量检查点、审查、评估标准等。质量控制需要了解项目执行的所需资源，如时间、工具、专业知识等。

（3）质量控制活动

每个项目交付成果都要经过测试和检查，以确保其符合质量标准。例如，在软件开发项目中，进行代码审查和单元测试。为此，要收集团队成员和指导教师的意见，并将其纳入反馈以循环改进项目。

5. 沟通管理

PBL 中的沟通管理是一个重要的过程，它可确保项目实施期间团队成员之间的有效信息交流。在 PBL 中进行沟通管理的措施如下。

（1）制订沟通计划

明确项目中沟通的目的（信息共享、问题解决、进展反馈等）并设定目标。确定参与项目的所有利益相关者（学生、教师、外部专家等）并了解他们的信息需求。

（2）选择沟通方式

选择有效的沟通工具，如电子邮件、沟通应用程序（微信、Slack、Microsoft Teams 等）和视频会议工具（腾讯会议、Zoom、Google Meet 等），根据需要选择线下的面对面沟通和在线会议。

（3）建立沟通流程

召开定期的团队会议以分享进展和解决问题。建立一个系统沟通流程，以便每位团队成员报告进展和反馈问题，并接收其他成员的信息。

（4）有效信息共享

确保 PBL 活动室中有位置可用于项目相关信息和文档的分享，使项目进展和重要决策信息透明化，以便每个人都始终保持得到最新的信息。

（5）提高沟通技巧

鼓励团队成员之间积极倾听，并培养尊重他人意见和想法的习惯和文化，同时需要着重培养提高清晰、简洁地传达信息的技能，以减少沟通产生的误解。

（6）冲突管理

在沟通中出现的冲突要及时发现并适当处理。团队项目负责人要促进开放讨论以解决问题。如果需要，教师或第三方可适当介入并调解冲突。

另外，PBL 中具体的沟通实践方法可使用站立会议，团队成员每天早晨举行一个简短的站立会议，每个成员报告今天的工作任务和昨天的具体进展。创建项目仪表板，以可视化地展示项目进展和重要时间节点，供大家实时查看。同时，可召开反馈会议，在达成项目的关键里程碑时举行反馈会议，讨论项目的方向和可改进领域。PBL 中有效的沟通管理对项目的成功和团队协作至关重要，通过适当的计划和执行，信息可以在团队成员之间顺利共享，整个团队的表现得到有效提升。

在 PBL 过程中，项目经理（PM）负责整体项目的管理，确保项目成功完成。PM 的职责包括从制定项目计划到完成项目的所有管理工作。实施项目管理方法需要与学习成果保持一致，这对于团队的项目经理来说是个挑战，通常需要教师的参与。项目设计应精心规划，以满足特定的教育目标，同时确保项目管理方法不超出学习目标的范围。在范围管理中，项目应足够复杂以激发学生的挑战性，但又不至于过于庞大而难以控制。

PBL 项目通常在教育机构中实施，为了提高 PBL 的有效性，应尽可能模拟现实世界的工程挑战，并将当前的行业实践和发展趋势融入项目。有效的 PBL 需要适当的资源，包括实验室空间、材料、软件和项目开展时间。管理团队动态同样重要，包括寻找适应不同知识和技能水平的成员、确保公平参与、教授有效的团队合作和领导技能。工程项目可能非常耗时，学生和教师需要在 PBL 和其他学术活动之间找到平衡。

1.2.4 协作平台

为大学教育中的 PBL 选择一个合适的协作平台取决于几个关键因素，如课程的具体需求、项目的类型以及有效协作所需的功能。特别是对于高等教育环境中的项目式学习，选择合适的项目管理支持工具至关重要。这些工具可以帮助学生组织、规划、协作和跟踪项目进度，以下是一些可供选择的工具。

1. 项目管理工具

（1）微软项目

这是一款先进的软件工具，可提供详细的项目规划功能、资源管理和甘特图等，适用于较为复杂的项目。

（2）Trello

它以可视化任务管理著称，是组织项目任务和跟踪进度的常用工具。Trello 非常适合组织任务、跟踪进度和管理工作流程，具有用户友好和高度可视化的特点。

（3）Asana

它适合任务管理和工作流程跟踪，侧重于项目组织。它较好地平衡了简单易用性和强大的项目管理功能，非常适合跟踪任务、设定截止日期和分配任务责任。

（4）Slack

Slack 以其基于聊天的界面、与许多第三方应用程序的集成以及实时通信的易用性而闻名。Slack 可与其他项目管理工具很好地集成，这也使其成为讨论和更新的中心平台。

（5）Basecamp

可提供项目管理工具，以简单易用著称。可实现包括待办事项列表、文件共享、截止日期和协作讨论空间的功能。

（6）Monday.com

一款灵活的工具，可用于满足各种项目管理需求，以易于使用和可定制板块而闻名。

（7）JIRA

JIRA 可提供先进的项目跟踪、问题跟踪和 Agile 项目管理功能，尤其适用于软件开发项目。

（8）ClickUp

它可为任务管理、文档共享、目标设定和进度跟踪提供可定制的平台。

（9）Smartsheet

它集电子表格、项目管理工具和协作软件功能于一身，适用于各种项目类型。

2. 协作平台

（1）VooV

腾讯 VooV 作为线上会议工具在中国广为人知，使用范围非常广泛。

（2）Zoom

Zoom 主要用于视频会议，也提供分组讨论室等功能，有助于小组讨论。

（3）微软团队

微软团队提供强大的通信工具，与 Microsoft Office 的集成以及各种协作功能。

（4）Google 工作空间

Google 工作空间包括 Google Docs、Sheet 和 Drive 等工具，用于实时协作和文档共享。

如何选择合适的平台工具取决于用户的具体需求，如实时通信、任务跟踪、文件共享或与其他工具的集成。

3. PBL 的学习管理系统（LMS）

LMS 主要用于指导教师与学生之间的交流。为项目式学习选择合适的 LMS，需要考虑支持协作、交流和项目工作流程管理的各种功能。以下是一些通常被认为适合项目式学习的 LMS 平台。

（1）Moodle

Moodle 是一款开源 LMS，可高度定制化，并通过其功能和资源（如论坛、维基和数据库）支持协作学习。

（2）Canvas

Canvas 以其友好的用户界面而著称，它支持协同工作，可与很多教学工具集成，并为管理小组进行项目和讨论提供途径。

（3）Blackboard

该 LMS 提供全面的课程管理工具，包括小组合作、论坛和作业提交，比较适合项目式学习。

（4）Schoology

该工具可与 Google Drive 和 Microsoft Office 完美集成，提供强大的协作工具，是项目式学习的不错选择。

（5）Brightspace

D2L 的 Brightspace 因其分析和自适应学习功能而闻名，还可为小组工作和项目提供强大的协作工具。

（6）Sakai

这是一款支持协作学习环境的开源 LMS，提供了维基、论坛和小组管理功能等工具。

（7）Edmodo

用户界面特别友好，类似于社交媒体，非常吸引学生。它可提供协作、文件共享和作业跟踪等功能。

（8）Google 教室

Google 教室虽然不是一个功能全面的学习管理系统，但它与 Google 的生产力工具套件无缝集成，可有效管理和组织 PBL 任务。

以上 LMS 平台都各有所长，如何选择合适的系统平台取决于项目的具体需求，如易用性、与其他工具的集成能力、定制选项以及所需的部署规模。此外，还必须考虑学校现有的基础设施和信息化水平。

1.3 PBL 的能力和评价

传统的讲授式教学及其衍生的翻转课堂和基于问题的学习模式，都着眼于高效地协助学生掌握其专业领域所需的知识。相较之下，PBL 更侧重于培养学生的职责执行能力。这也正是在大学工程教育中引入 PBL 尤为关键的原因。表 1-3 展示了学生在传统讲授式教学与 PBL 教学收获方面的对比差异。通过该表的对比数据，我们可以看到 PBL 的目的是通过实践项目帮助学生掌握一系列相关的知识和能力。因此，PBL 教育模式致力于培养学生在职场中所需的知识和综合技能，包括解决问题、团队合作和领导力等。虽然传统授课在大学课程中以传授理论知识为主要目标，其本身非常重要，但引入 PBL，为学生提供实践和全面的学习体验，同样具有重大意义。在本节中，我们将首先阐述能力的概念，然后讲解如何评估学生掌握的这些能力。

表 1-3 讲授式教学与 PBL 教学方法对比

	讲授式教学	PBL 教学
知识	知识主要是通过教师提供而非请求性获得的。理论内容占主要部分，学生是信息的被动接收者	学生通过主动搜集信息并将其应用于实际任务来获取知识，学习过程是积极主动的
学习注意力	重点放在对知识的获取和理解上	重点放在获得实践能力上，包括知识应用、问题解决、团队合作和自我调节学习
能力获取	理论知识是学习的主要焦点，技能获取被视为补充	通过实际项目获得实践技能
评估方法	知识理解的水平通过考试和报告来进行评估	通过实际要素，如项目成果、团队贡献和问题解决过程来评估
学习环境	课堂讲授主要在室内进行	强调在课堂外进行活动，让学生通过解决实际问题进行学习

1.3.1 能力

能力是指一系列被定义的明确行为，可为识别、评估和个人能力发展提供结构化指导。它包括有助于提高个人效率的知识、技能、行为和态度。能力通常分为元能力（适用于各种角色和组织）、核心能力、沟通能力等。

在大学工程教育中，能力培养旨在使学生掌握必要的知识和技能，并形成较好的职业行为习惯。这些能力涵盖了大量的技术和软技能，反映了实际项目中工程角色的多样化需求。以下是通过大学的高等工程教育培养的各种能力的示例。

1. 元能力

（1）批判性思维与解决问题能力

这是一项关键能力，它能使我们通过合理的决策过程来识别、分析并解决那些错综复杂的问题。现实世界充满了不确定性和复杂性，而深入理解问题的本质则需要我们具备强大的分析技巧。批判性思维的核心技能包括：

分析能力：这使我们能够拆分数据，理解其内在结构和含义。

推理能力：允许我们从数据出发，推导出合乎逻辑的结论。

自我反思能力：促使我们对自己的思考过程和得出的结论进行反思和优化。

创造性思维能力：这有助于我们开拓新视角，激发创新思维。

这些能力共同作用，使我们在不受情绪和成见影响的情况下做出科学的决策，它们是创造性问题解决的基础。

（2）交流能力

交流能力指的是以口头和书面形式向不同角色有效传达技术信息和观点的能力。为了掌握批判性思维，学生需要超越传统的课堂讲授，通过实践来学习。教师应创造机会，让学生有机会展示自己的学习成果和研究见解。此外，课程中应安排时间让学生进行团队合作，如果这在传统课堂中难以实现，那么就需要引入一种新的学习模式，如基于项目的学习（PBL），以促进学生之间的有效沟通。

（3）团队精神与合作能力

团队精神与合作能力指的是在涉及不同学科的项目团队中有效工作的能力，包括展现领导才能和人际交往能力。为了培养这项能力，教学课程中必须包含团队协作活动，PBL 是实现这一目标的有效途径。

（4）道德与专业标准能力

道德与专业标准能力指的是了解并承诺遵守工程实践中的道德原则和专业标准的能力。

（5）终身学习能力

终身学习能力指的是认识到终身学习的必要性，并具备跟上工程领域发展的能力。

（6）全球和社会意识能力

全球和社会意识能力指的是了解工程解决方案在全球经济、环境和社会背景下产生影响的能力。

2. 核心能力

（1）数学能力

深刻理解数学原理并将其应用于解决工程问题，这不仅需要掌握数学习题解答方法，更要求学生在其他工程领域课程中主动运用数学知识。通过这种方式，学生能够解决现实世界中的技术难题，将抽象的数学概念转化至具体的解决方案中。

（2）科学推理能力

科学推理能力指的是运用科学原理和方法来理解物理系统和现象的能力。以材料力学为例，这是一个研究材料破坏与施加在各种结构上的力之间关系的学科。历史上曾有飞机因理论设计不足而在预期使用寿命内发生损坏。科学家们通过一系列实验，模拟并研究材料破坏的机理，最终发现了考虑材料疲劳失效的新设计理念。这个例子强调了学生不仅要掌握科学原理，更重要的是要在现有理论无法解释的情况下，能够应用这些原理解决问题，并通过科学实验来探索和获得新知识。

（3）工程设计能力

掌握在考虑公众健康、安全、福利以及全球文化、社会和经济因素的同时，设计复杂工程问题解决方案的技能。工程设计不仅创造新事物，它还是一个运用工程方法来提升我们生活质量的过程。在 PBL 过程中，学生可以选择多样化的项目研究主题，从日常校园生活中的问题到全人类面临的全球性环境挑战问题。

（4）技术专业能力

深入掌握特定工程领域（如机械工程、电气工程、化学工程和土木工程）的知识至关重要。这一知识获取过程是独立于 PBL 教学的，它要求学生对专业领域的知识有深入理解和应用的能力。

（5）技术整合能力

掌握并融合适当的技术知识和软件工具以开发工程应用的能力至关重要。工科大学中的各个学科领域，如机械工程、电气工程、化学工程等，都已根据其基础理论进行了细分和发展。在现代工业界，控制工程学专注于研究控制设备所依赖的理论基础，而信息科学领域的迅速发展带来了智能系统和人工智能等新兴领域。这些技术不仅各自具有巨大潜力，它们还是系统集成技术，能够将传统工程领域的技术进行有效整合。这种系统集成整合的能力通常是在解决实际系统问题的过程中培养出来的。

（6）项目管理能力

项目管理能力指的是规划、执行和管理工程项目的能力，包括资源分配和时间管理。企业在进行研究与开发时，迫切需要具备专业技能的人才。同时，企业对于能够高效管理项目的人才的需求也同样巨大。这种项目管理能力，往往是通过参与 PBL 等实践活动，在真实的项目管理过程中逐步培养和获得的。

大学通过课程学习、实验室练习、团队项目、实习和毕业设计等多种形式来构建工程学课程，培养学生的这些核心能力。这种综合方法可确保毕业生为应对工程专业的挑战做好充分准备，并在所选领域做出贡献。

3. 沟通能力

沟通能力是指学生能够表达自己的意见，并与具有不同背景的项目成员进行交流的能力。其中涉及的领导能力是指学生能够作为项目的领导者，整合项目成员的意见，同时激发他们的积极性的能力。具体的沟通能力主要包括以下几个方面。

（1）语言交流

语言交流是一门艺术，它通过口头表达清晰有效地传达思想。这种能力不仅涉及信息内容的精准选择，还包括语气、语调、音量的恰当运用，以及描述性语言的巧妙搭配。它要求我们理解交流对象的背景和知识水平，以避免误导。在建立单向信息传递的关系之前，通过对话加深相互理解，是沟通中不可或缺的一环。

（2）非语言交流

非语言交流涵盖了肢体语言、面部表情、手势、眼神交流等无声的身体语言。这些非言语交流往往能传达与语言同等重要，甚至更为强烈的信息。尽管非语言沟通有时比语言沟通更为有效，但文化和背景的差异也可能导致误解。因此，认识到非语言信号在对话中的积极或消极影响至关重要，尤其是对于那些已经建立了相互理解的人来说。

（3）倾听技巧

优秀的沟通者同样需要是积极的倾听者。他们不仅需要理解对方所表达的内容，更要能洞察那些未被明说的深层信息。在大学教育中，通过对话式教学提升学生的倾听能力至关重要。PBL 等互动学习方式可以帮助学生发展这一技能，使他们能更深入地参与对话和理解他人。

（4）写作交流

写作交流能力主要涉及写作语法、标点、风格和思路的清晰表达能力。通过常规课堂中的写作任务，学生可以提升写作技巧。同时，PBL 教育模式也可通过撰写周报和自我评估，进一步促进书面表达和沟通能力的提升。

（5）情商

情商通常指的是理解和管理自己情绪，感知和体谅他人情绪的能力，是有效沟通的关键。PBL 教育可让学生深刻认识到情商的重要性，并鼓励他们自主决定如何提升这一能力，以便在实际工作中发挥更大的作用。

（6）清晰简洁

言简意赅、直奔主题是沟通中的黄金法则。选择合适的词汇，以简单、逻辑性强的结构清晰表达意图，有助于确保信息的高效传递。

（7）劝说

说服他人的能力在团队领导或营销等领域极为宝贵。真正的说服建立在让对方理解并认同你的观点的基础上，而非强迫。培养出色的沟通技巧有助于建立稳固的关系，逐步赢得信任，从而获得真正的说服力。

（8）公开演讲

公开演讲是在小组或大型公众场合上与听众进行有效互动的能力。PBL 教学框架为学生提供演讲机会，不仅能锻炼他们的表达能力，也能增强他们的自信心和沟通技巧。

（9）文化意识

文化意识涉及理解和尊重不同文化背景下的交流方式，并做出相应调整。无论是通过国际化的 PBL 项目，还是与海外学生的合作，都能增强学生的跨文化沟通和国际协作的能力。

以上这些能力在团队成员的个人日常和职业生活的各个方面都至关重要，它们有助于改善人际关系、解决问题和冲突，是实现有效沟通的基石。

4. 持续学习和研究

持续学习和研究的能力是高等教育毕业生的内在特质，尤其对于那些进入高等院所、成为研究者或大学教师的人来说，这一能力更是其职业生涯的基石。培养终身学习的习惯，不仅能够丰富个人生活，还能为日常工作带来显著益处。以下是对持续学习和研究所需的关键视角和行为的精炼总结，其中一些能力可通过大学教育得以培养和提升。

（1）自我评估与目标设定

首先，进行自我审视，评估个人现有的技能和知识水平。明确学习目标，识别希望掌握的领域和技能。在大学教育中，基于自我评估来设定既具挑战性又符合个人发展特质的目标至关重要，这些目标是实现更宏伟目标的基础。

（2）计划与执行

根据目标制定学习计划，明确时间表和学习路径。持之以恒地遵循计划，进行日常学习和研究。为了在大学毕业后仍能保持学习,需要制定一个切实可行的计划,并持续地推动自己前进。这不仅需要意志力,还需要创造一个科学合理的学习环境。

(3) 提升信息素养

培养寻找和评估可靠信息源的能力至关重要。要充分利用学术论文、技术书籍、在线课程、专家讲座等资源,学会逻辑性地筛选出准确且有用的知识。

(4) 时间管理

合理安排并有效管理学习和研究时间。确立优先级,养成利用日常活动间隙和工作间歇的习惯,确保在生活必需时间外有充足的学习时间。

(5) 反思与改进

定期审视学习过程,评估哪些方法有效,哪些需要改进。调整学习计划和方法,寻找更高效的学习方式,同时,要确保学习内容与目标的一致性。

(6) 灵活性与适应性

培养面对新信息和技术变化时的应变能力。尝试新方法和工具,调整学习方式以适应变化。对前沿技术趋势保持浓厚兴趣,利用网络资源获取高质量的知识。

(7) 合作与沟通

通过与他人合作和协作学习来深化知识和技能。参与学习小组或社区,保持开放心态,接受反馈,并将他人的意见和视角融入学习中。对于已完成高等教育的专业人士,可利用参与研究项目的机会完成持续学习和技能提升。

通过实践以上策略,个人能够有效地获得并保持持续学习和研究的能力。在当今这个快节奏和不断变化的世界,这种能力对于个人成长、专业能力和职业发展至关重要。

5. 团队工作

团队工作能力指的是在群体环境中为实现共同目标而有效工作所需的技能和能力。

(1) 协作

协作能力是指与他人合作共事的能力,是与他人共同努力的基础,它要求我们尊重并整合团队成员的想法,共同为实现设定目标贡献力量。有效的协作始于明确的角色分配,确保每位成员都能在适合自己的领域发光发热。团队成员间的相互尊重是协作成功的基石。

(2) 沟通

沟通是指在团队内有效分享和接收信息。分享包括项目进展在内的关键信息,可以促进顺畅的沟通。此外,有效的沟通不仅包括倾听和表达,还包括书写和反馈。建立信任,激励团队成员共同努力,是沟通艺术的核心。

(3) 冲突解决

在团队合作中,冲突解决意味着有效解决团队内出现的冲突和分歧的过程。冲突解决将有助于保持团队工作的生产力。当出现问题或冲突时,首先要识别它,理解冲突的原因和背景。然后,成员们应该尊重涉及各方的观点和感受,并明确冲突的具体内容。接下来,控制情绪,冷静讨论,倾听对方的意见。之后,团队成员重新考量团队的共同目标。冲突解决是团队协作中不可或缺的一环,它要求我们识别并理解冲突的根源,然后通过冷静的讨论和相互尊重来寻找解决方案。这个过程有助于加强团队凝聚力,提高生产力。

(4) 领导力

在团队合作中,领导力是指导、激励和支持团队成员实现目标的关键能力。领导力对团队的成功至关重要。优秀的领导者能够促进沟通，鼓励开放对话，并为团队树立标准。领导力的展现对于最大化团队表现和顺利实现目标至关重要。

（5）同理心

同理心是理解和分享他人情感和观点的能力。它能让我们从他人的视角感受和思考，理解他们的情感和观点。这种能力要求我们准确感知情绪，设身处地为他人着想，并以适当的方式回应。

（6）信任和责任感

在团队合作中，信任和责任感是团队成功和高效运作的重要因素。首先，我们将解释团队合作中的"信任"。当团队成员相互信任对方的能力和意图，并建立关系时，他们会舒适地共同工作。信任能使成员自由地分享意见和信息，减少误解和冲突，允许建设性的对话。在一个信任的团队中，成员尊重彼此的技能和知识，共同解决问题。责任感是每个团队成员对其角色或任务负责并努力实现预期结果的态度。负责任的行为意味着完成你的任务，以便其他人可以顺利工作，这些行为对于赢得他人的信任至关重要。

团队成员之间的开放沟通、角色分配明确以及认可成就等对培养信任和责任感至关重要。为此，团队成员必须提供适当的反馈，并鼓励建设性的思想交流。项目团队的领导者需要以身作则，展示值得信赖的行为。信任和责任感是建立坚实团队的基础，并为其表现和成功做出贡献。

（7）灵活性和适应性

在团队合作中，灵活性和适应性是应对变化和新挑战的关键。灵活性是灵活改变计划和方法以应对意外变化或具有挑战性情况的能力。当意外问题出现时，你可以灵活尝试不同的方法来快速有效地找到解决方案。接受新的想法和方法增加了你找到创造性解决方案的机会。适应性是对新情况和环境做出快速有效反应的能力。即使组织或项目的方向发生变化，也可以灵活适应并为成功做好准备。这些能力使我们在面对意外时快速调整策略，接受新想法，并保持积极态度。

（8）问题解决和决策制定

问题解决和决策制定对于团队实现目标和有效应对挑战至关重要。问题解决要求我们识别问题，收集信息，产生和评估想法，然后执行和评估解决方案。决策制定是团队选择实现目标的最佳选项并决定要做什么的过程。重要的是，决策必须基于数据和事实。

（9）人际交往技能

人际交往技能是与他人有效互动和合作的能力和态度。这些技能促进了团队成员之间的信任、理解和协作。特定的人际交往技能包括"积极倾听"和"清晰表达"。积极倾听是仔细倾听、理解和适当回应他人。清晰表达是传达自己的想法和观点的能力。这些人际交往技能促进了团队成员之间的信任和理解，对于加强团队内部关系和创造有利于合作的环境至关重要。实用的人际交往技能可以有效提高整个团队的表现和满意度。

（10）目标设定和绩效管理

目标设定和绩效管理是团队合作中的重要流程。它们帮助团队确定方向，有效跟踪进展。这包括明确定义目标，共享目标，明确角色和责任，以及资源的分配。实用的目标设定和绩效管理对于帮助团队实现目标和可持续增长至关重要。

在专业和教育环境中，强大的团队能力至关重要，因为协作是许多项目和组织结构的核心。掌握这些元能力的团队成员能够形成积极、高效和创新的团队环境，从而成功。这些能力也是 PBL 过程中学生需要掌握的关键技能，它们与教育领域的核心能力，如工程和技术学科紧密相关。例如，在信息系统架构和创新与设计工程课程中，核心能力包括创新概念的生成、社会和市场导向、需求分析、建模、管理、创意表达、设计和开发等。培养这些能力能让学生在未来的职业生涯中发挥关键作用。

1.3.2 PBL 评估方法

在高等教育的 PBL 中，理想的评估方法应该是多方面的，既能反映对技术理解的深度，又能反映面向实际问题对技能的应用，具体方法如下。

1. 项目评估标准

需要制定详细的评分标准，对项目的各个方面进行评估，例如，技术的创新性、项目完成的实际效果、团队协作情况和演讲技巧等。

2. 每周报告

团队学生每周总结自己的项目贡献和学习情况，培养自我反思意识和批判性思维。这也是项目团队自评和互评的基础。

3. 自评和互评

首先，学生反思自己的学习和贡献情况，形成自我反思意识和批判性思维。其次，学生可以评估团队伙伴的贡献和表现。这一过程能鼓励学生承担责任并反思团队动态。

4. 成果收集

学生将自己的项目成果汇编成册，以此展示自己的技能、学习进度和项目成果。

5. 导师评估

导师可根据预先确定的标准对项目进行评估，重点关注项目开展过程和最终项目成果。

6. 口头答辩或演示

学生介绍团队的项目进展情况并回答问题，展示他们对项目问题的解决思路以及个人的表达能力。

7. 过程记录

对项目过程进行评估，包括计划、解决问题的策略以及问题的解决程度。

8. 日记或反思性文章

学生在整个项目过程中坚持写日记或撰写反思性文章，从而对自己的学习过程提出反思见解。

9. 行业专家评审

邀请行业人士参与项目评审并提供反馈和建议，保证评估的专业性。

总体来说，以上的评估策略方法必须与课程的学习目标一致，为团队学生提供反馈和建议，帮助他们在专业知识和能力上取得进步。

1.3.3 评估示例

本节具体展示了 AIIT PBL 方法的评估示例，在 AIIT 采用的 PBL 方法中，评估的侧重点在于学生个体而非项目本身的成功与否。

1. AIIT PBL 中评估什么

AIIT 的 PBL 评估着重于学生个人的表现和能力提升。学生的个人成绩不仅基于他们对 PBL 活动的参与度，还包括他们所提交成果的质量。评估的另一重点是学生通过 PBL 活动所获得的能力是否达到了专业水平的标准。这种评估方式强调了学生在整个学年中取得的知识积累和进步。

2. 谁来进行评估

评估过程的公正性和准确性是通过每年 2 次的成绩评估会议来保障的，这些会议由所有专职教授参与，三位指导教师（一位主要负责人和两位副负责人）共同起草一份绩效评估草案。这份草案随后会提交给所有参与 PBL 绩效评估会议的专职教授进行审阅，以确保评估的客观性和适宜性。此外，评估过程中还会考虑外部业内人士的评价和反馈，尤其是在学生参与项目成果展示等活动时。

通过这种细致和全面的评估方法，AIIT 确保了 PBL 教学模式能够有效地促进学生的个性化发展和专业能力的提升。这种方法不仅评价了学生的知识掌握程度，还评价了他们的参与度、创造力和问题解决能力，这些都是现代教育中不可或缺的重要组成部分。

3. 评估理论

（1）PBL 活动及其成果的质量评估

根据团队学生的成果和报告（每周报告和自我评估），基于表 1-4 所示的 PBL 评估矩阵进行评估。在此基础上，评估学生参与 PBL 项目活动所投入的时间，以及他们的成果是否与花费的时间相匹配。

表 1-4　PBL 评估矩阵

	定 性 评 估	定 量 评 估
PBL 活动	项目管理、项目作用、贡献等	活动时间、迟到、缺席等
PBL 成果	过程文件、软件系统、硬件结构、总结论文等的质量	项目成果的标准

（2）能力成就等级评价

能力成就等级评价是一种细致的评估体系，旨在通过明确的评分标准来衡量学生在特定技能上的表现。能力成就等级评价通过 5 个明确的阶段来区分学生的技能水平。这些阶段从基础到高级，逐步提升：

1）第 1 级，学生掌握了基本的知识和技能，但尚未达到独立工作的水平。
2）第 2 级，学生在指导下能有效地协助产品计划、设计和制造过程。
3）第 3 级，学生能够在专业领域内独立提出计划，并设计和制造产品。
4）第 4 级，学生具备独立完成产品计划、设计和制造全过程的能力。
5）第 5 级，学生不仅能够独立完成产品计划、设计和制造相关的各项任务，而且具备领导团队的能力。

利用上述 5 级分类概念，我们进一步建立了元能力和核心能力的评价体系。这有助于更全面地评估学生在各个领域的能力发展。这些等级被用作评估标准，以衡量学生的能力掌握程度。通过这种方式，可以对学生在特定领域的技能和知识进行细致的评估。

最后，以这些等级作为评估标准，对学生的能力进行评估。表 1-5 提供了 AIIT 元能力中沟通技能水平的示例，展示了如何根据这些等级来评估学生的沟通能力。

表1-5 元能力中沟通技能水平的示例

	第5级	第4级	第3级	第2级	第1级
交流能力	学生不仅能够单方面适应不断进步的技术和动态变化的环境，而且能够在保持独立性的同时积极参与这些变化（与技术和环境的相互影响），同时还能够领导其他成员	学生不仅能够单方面适应不断进步的技术和动态变化的环境，而且能够在保持独立性的同时积极参与这些变化（与技术和环境的相互影响）	根据不同的领域和情况，学生能够适应不断进步的技术和动态变化的环境，还能在保持独立性的同时，准备好积极应对这种变化（与技术和环境的相互影响）	在有指导的情况下，学生不仅能够单方面适应不断进步的技术和动态变化的环境，还能在保持独立性的同时，积极参与变化（与技术和环境的相互影响）	学生无法证明以下能力：不仅能单方面适应不断进步的技术和动态变化的环境，还能在保持独立性的同时，准备好积极参与这些变化（与技术和环境的相互影响）
	在现代信息社会中，学生不会根据假设或零散的信息提出主张，而是能够系统地收集信息，参考现有研究和案例，并使用适当的方法客观地分析信息，同时还能领导其他成员	在现代信息社会中，学生不会根据假设或零散的信息提出主张，而是能够系统地收集信息，参考现有研究和案例，并使用适当的方法客观地分析信息	在现代信息社会中，学生根据不同的领域和情况提出主张，能系统地收集信息，参考现有研究和案例，并使用适当的方法客观地分析信息	在现代信息社会中，学生在指导下不会根据假设或零散的信息提出主张，而是能够努力系统地收集信息，参考现有研究和案例，并使用适当的方法客观地分析信息	学生无法证明以下能力：在现代信息社会中，不根据假设或零散的信息提出主张，而是能够系统地收集信息，参考现有研究和案例，并使用适当的方法客观地分析信息
	学生能够在例会上汇报自己的情况和问题，也能准确理解其他成员的情况和问题。同时可以领导大家完成团队的总结汇报工作	学生能够在例会上汇报自己的情况和问题，也能准确理解其他成员的情况和问题	根据不同的领域和情况，学生可以在例会上适当汇报自己的情况和问题，也能准确理解其他成员的情况和问题	在有指导的情况下，学生能够在例会上部分汇报自己的情况和问题，同时也能部分了解其他成员的情况和问题	学生无法证明以下能力：在例会上汇报自己的情况和问题，同时也能准确理解其他成员的情况和问题

通过这种分层的评价方法，教育者能够更精确地识别学生在特定能力上的优势和需要改进的地方，从而提供针对性的指导和支持。这种方法不仅促进了学生能力的发展，也为教育者提供了一个有力的工具，以确保教学活动的有效性和适应性。

接下来，我们将展示中国地质大学（武汉）的自我评估和周报表格。

1. 自我评估表

PBL自我评估（开始日期YYYY/MM/DD—结束日期YYYY/MM/DD）。

注意：请将这份自我评估表作为成绩的参考。在与指导教师面试后，将由负责教师决定成绩分数。最终成绩将会在与PBL相关的评估会议上决定。

在与教师的面试中，请准备好项目的相关材料，如周报等。

学生ID号：　　　　　　姓名：

元能力　　　　　　　　1　2　3　4　5
核心能力　　　　　　　1　2　3　4　5

沟通能力	1 2 3 4 5	
持续学习和研究能力	1 2 3 4 5	
团队合作	1 2 3 4 5	

通过这个项目，你能否提出原创性的想法来规划和实现主题？

表达能力　　　　　　　　1 2 3 4 5

你是否能够定性定量地设置本项目的成果？

你能否准确地向团队成员表达你的想法？

提案能否以易于理解的方式表达，如公式、图和表格？

设计能力　　　　　　　　1 2 3 4 5

你是否为本项目设计方面的工作做出贡献？

开发能力　　　　　　　　1 2 3 4 5

你能否开发一个仿真实验或实际应用系统来实现本项目？

分析技能　　　　　　　　1 2 3 4 5

最终得分是 9 个评估项的加权平均值，计算公式如下：

最终得分 = $\sum_{i=1}^{9} w_i \times EI_i / \sum_{i=1}^{9} w_i$ ，其中 $w_4 = w_6 = 0.5$，$w_i = 1$。

2. 周报表格

每周报告 MM/DD-MM/DD：

- MM/DD-MM/DD 活动报告

  说明：本报告是一份 PBL 进展周报，提交截止时间为本周日 23:55。请在截止日期前提交（提交日期和时间将被记录）。

- 项目开始日期 YYYY/MM/DD-Time
- 项目结束日期 YYYY/MM/DD-Time
- 项目成果完成后的提交时间（YYYY/MM/DD-Time）

  成果查看设置，只有提交者本人/学院可以查看和发布评论

- 允许重新提交

  提交附件文件如下：

  …………

- 项目活动时间

  （必须填写）

- 本周 PBL 活动进展和成果

  （必须填写）

- 下周活动安排和预期成果

  （必须填写）

- 问题和解决方案

  （必须填写）

- 其他 PBL 活动以及相应收获

  （选择填写）

- 其他记录要点

（选择填写）

周报结束

1.4　头脑风暴与亲和图法（KJ 法）

在 PBL 中，学生团队经常面临如何发展项目主题的问题，这在现实世界的商业环境中同样常见。为了解决这一问题，我们可以使用多种方法，本节将详细解释头脑风暴和亲和图法（KJ 法），这两种方法可以作为团队活动，用于问题定义和项目主题的发展。

1.4.1　头脑风暴

头脑风暴是一种集体创意的方法，它鼓励团队成员自由分享关于特定主题或问题的想法，以寻找新思路和解决方案。该方法在 20 世纪 50 年代由 Alex Osborne 提出，其核心在于无限制地、尽可能多地产生想法，同时避免批评或评价。头脑风暴的过程包括规则的回顾和目标的设定，有时还包括一名促进者。参与者提出想法，促进者则引导参与者基于这些想法进一步发展。这种方法不仅适用于团队讨论，也适用于个人创造力的提升。

头脑风暴的基本规则：

-不批评：避免对他人的想法进行批评或评价。

-不限制想法：鼓励自由思考，接受任何想法。

-强调数量而非质量：在很短的时间内产生尽可能多的想法。

-整合与改进：基于其他人的想法产生新的想法或改进现有的想法。

-依次发言：避免同时发言，轮流发言，以确保每个人都能发表自己意见。

-时间限制：提前设定时间，并集中精力在规定时间内产生想法。

-可视化：记录自己的想法并与公众分享，使用白板、便签和数字工具来可视化想法。

促进头脑风暴会议是一个重要环节，它要求促进者以中立的立场引导和支持团队成员，以激发创新思维，从而生成有效的想法。促进者的角色至关重要，他们负责引导和支持头脑风暴会议，确保每位参与者都能在自由、开放的环境中畅所欲言。通过精心准备，促进者能够确保团队从头脑风暴中获得最大的收益。

1. **准备阶段：明确目标与选择参与者**

在头脑风暴会议之前，促进者需要明确会议的目标，选择合适的参与者。选择参与者时，需要考虑团队的多样性和活力，避免因人数过多而限制了意见的自由表达或产生分歧，这可能会抑制创意的产生。

2. **材料准备与规则介绍**

为了确保头脑风暴的高效性，参与者将提前收到相关材料。在会议开始时，促进者将简要介绍规则，并开展一些轻松的活动，如自我介绍或分享早餐内容，缓解紧张气氛，营造一个友好的讨论环境。

3. **激发创意：轮流发言与时间管理**

促进者鼓励每位参与者轮流发言，分享他们的想法。同时，促进者需要进行有效的时间管理，确保头脑风暴会议在预定的时间内结束，并顺利地在想法的产生、组织到最终的集体整理这三个阶段进行过渡。

4. 想法的记录与分享

促进者可以通过多种方式记录和分享参与者的想法，无论是通过便签、卡片还是数字工具，关键是要确保每个想法都被清晰、准确地记录下来，并以视觉化的方式呈现给团队。

5. 深入讨论与共识建立

促进者通过促进讨论，协调不同的观点，深入挖掘每个想法的潜力，调和差异，并最终建立共识。这一过程需要促进者具备高度的洞察力和协调能力。

6. 行动计划与结果分享

头脑风暴的成果需要转化为具体的行动计划。促进者负责为高优先级的想法制定明确的行动步骤，明确责任，并确保每个参与者都清楚自己的任务和期限。最后，促进者将记录所有成果，并与团队成员共享。

7. 总结与可视化

头脑风暴的总结同样重要。促进者需要将相似的想法进行归类，避免重复，并根据类别或主题进行组织。通过亲和图法或数字工具等可视化工具，将这些想法以直观的方式展现出来，为后续的项目主题、范围和工作分解结构的创建打下坚实的基础。

通过这样的方式，促进者不仅创造了一个平等发声的环境，激发了团队的创造性思维，而且从始至终都以中立的立场支持整个活动，确保了流程的顺畅和高效。

1.4.2 亲和图法（KJ法）

亲和图法是由东京工业大学教授、人文学家川喜田二郎博士在20世纪60年代提出的，最初是为了解决田野工作中数据整理和分析的难题。在面对大量数据时，川喜田二郎博士发明了一种基于卡片的方法，这种方法通过记录、分类和组织信息以直观地理解数据。但在初步应用这种方法后发现，仅排序卡片难以深入地理解数据。为此，川喜田二郎博士进一步探索，通过分组数据并添加概括性标题来澄清信息结构，最终形成了亲和图的基本框架。川喜田二郎博士在印度的田野工作中验证了这种方法的有效性，并验证了其可以作为激发创造性思维和解决问题的头脑风暴工具，并在学术研究之外广泛应用，特别是在商业、教育和政府领域。20世纪70年代起，他的著作和研讨会引起了全球关注，促使众多公司和教育机构采用亲和图法。

亲和图法是一种用于组织和分析大量数据，以揭示新知识和创意想法的工具。亲和图法还是一种系统化的方法，旨在从繁杂的数据和信息中提炼出有价值的知识和创新想法。图1-17显示了亲和图法的步骤。

步骤1　收集数据并记录在卡上

首先，我们需要收集与特定主题相关的所有信息，这些信息可能源自头脑风暴或文献研究，接着，将这些信息精炼成简洁、具体的语句，并记录在卡片上。每张卡片代表一个信息单元，其简洁性确保了后续步骤的直观性和易操作性。

步骤2　卡片分组

将这些卡片铺展在桌面或地板上（见图1-18），直观地根据内容的相关性进行分组。这一过程需要我们依靠直觉，灵活地分配卡片，直到各组都有一个明确的类别。

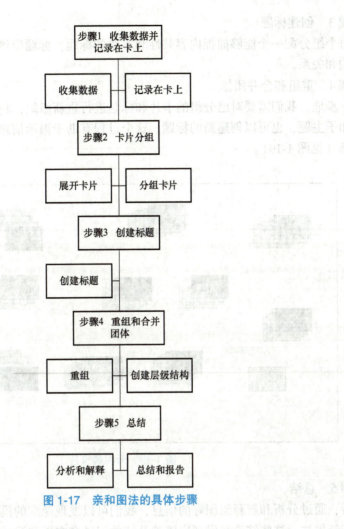

图 1-17 亲和图法的具体步骤

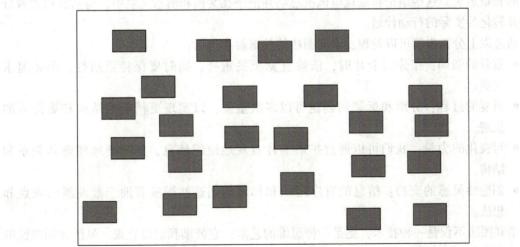

图 1-18 展开的卡片

步骤3　创建标题

为每个组分配一个能够捕捉内容共性和本质的标题，标题应该简洁明了，并有助于表明信息结构和关系。

步骤4　重组和合并团体

进一步地，我们需要对已分组的卡片和标题进行重新组织，将它们合并为更广泛和深入的主题和子主题，也可以创建新的标题。这个过程有助于揭示信息的层次结构，使整体画面更加清晰（见图1-19）。

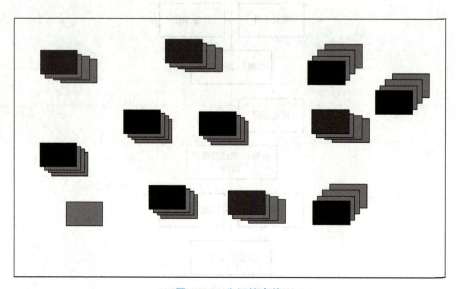

图1-19　分组的卡片

步骤5　总结

最后，通过分析和解释组织好的信息，我们可以发现隐藏的模式和关系，从而得出关键的见解和新想法。这些结论和发现应该被总结并记录在文档和演示文稿中，与利益相关者分享，并转化为实际的行动计划。

通过以上分析步骤可以发现，亲和图法的关键要点包括：

- 直觉的强调：在分组卡片时，依赖直觉至关重要，同时要保持灵活性，不必追求完美。
- 重复的过程：分组和标题的创建可以多次重复，以实现更精确的结构和更深入的见解。
- 可视化的力量：我们可以通过扩展卡片直观地组织信息，更清晰地理解其关系和结构。
- 创造性灵感的支持：信息的有序组织和标题的创造性形成有助于激发新的观点和想法。

亲和图法不仅是一种技术，更是一种思维的艺术，它鼓励我们以直观、灵活和创造性的方式处理信息，从而发现数据背后的深层含义。

1.4.3 亲和图法（KJ法）在PBL中的应用案例

本小节将通过3个亲和图法在PBL中的应用案例，包括智能校园解决方案、新产品开发和助老机器人开发项目，展示亲和图法在PBL中的有效应用。

案例研究1：智能校园解决方案

项目概述：学生们将投身于一个项目，旨在发现并解决大学生活中遇到的具体问题，如校园导航、交通拥堵或如何激发学习兴趣。

过程：

步骤1 信息收集与卡片转换。学生们通过调查、访谈和文献研究收集信息，并将关键点记录在卡片上，为后续的头脑风暴会议做准备。

步骤2 卡片分组。将卡片铺开并根据内容相关性进行分组，促进团队成员间的讨论和想法交流。

步骤3 创建标题。为每组卡片确定一个反映共同特征或问题的标题。

步骤4 重新组织和巩固。进一步细化分组，形成更广泛的类别。

步骤5 得出结论。基于整理的信息，为每个类别确定具体的项目主题，并在文档或演示中总结结论，听取团队的意见或建议。

案例研究2：新产品开发

项目概述：学生们致力于开发新产品，从市场调研到最终建议的提出。

过程：

步骤1 信息收集与卡片转换。通过市场调研和用户访谈收集需求，将需求记录在卡片上，并在研究前举行头脑风暴会议确定产品领域。

步骤2 卡片分组。根据用户需求和期望的功能进行分组，团队成员之间进行讨论。

步骤3 创建标题。为每组确定一个代表日常用户需求的标题。

步骤4 重新组织和巩固。根据关键主题组织分组，形成原型设计概念。

步骤5 得出结论。开发具体的新产品概念，并在演示中向班级和业务利益相关者展示。

案例研究3：助老机器人开发

项目概述：学生们将开发一款帮助老年人日常生活的机器人，详细探讨其功能、设计和实施。

过程：

步骤1 数据收集和卡片转换。收集老年人的需求和挑战，记录在卡片上。

步骤2 卡片分组。根据相关性将卡片分组，如移动辅助或健康管理。

步骤3 创建标题。为每组确定一个反映共同需求的标题。

步骤4 重新组织和巩固。通过相关主题合并分组，构建信息层次结构。

步骤5 得出结论。基于整理的信息，提出机器人需要具备的功能，定义项目主题。

步骤6 最终演示和反馈。展示完成的样机，收集反馈以进行改进。

通过将亲和图法纳入PBL，学生们可以学习如何组织信息，得出具体的想法，并在解决问题的过程中实现创造性思维。这种方法不仅形成了协作学习的环境，还鼓励学生提出创造性的解决方案，为学生们提供了宝贵的实践经验。

1.4.4 亲和图法（KJ法）的优势与挑战

亲和图法作为一种信息组织和激发创新的工具，优势在于其直观性、促进创造性思维和团队协作。但它也面临一些困难与挑战，如耗时、参与者的主观性以及物理管理问题。

1. 优势探讨

亲和图法的显著优势在于其直观性。通过将信息记录在卡片上并进行分组，我们能够轻松地把握复杂数据的整体结构和内在联系。这种方法不仅培养了创造性思维，还激发了新观点和想法的产生，有助于问题的解决。

此外，小组讨论通过促进团队成员之间的沟通，加强了团队协作。亲和图法的适用性广泛，横跨田野工作、商业战略、教育和项目管理等多个领域。它的简易性允许根据项目需求灵活调整，而使用卡片的视觉组织方式，使得成果易于被利益相关者理解，可以在演示和报告中发挥重要的作用。这些优势可以用图1-20来进行概括。

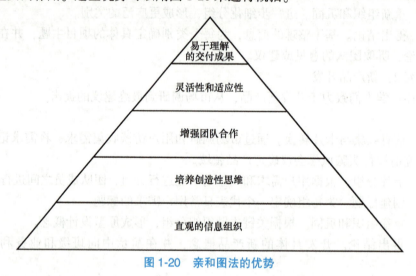

图1-20 亲和图法的优势

2. 挑战分析

亲和图法目前还面临一些挑战，尤其是当面对海量信息时，创建卡片、分组和标题的过程可能需要大量的时间和精力。此外，为了有效运用亲和图法，参与者需要对其基本原理有深入的理解。

这些难题可以通过适当的指导和培训克服。例如，在PBL等教育环境中，需要提前教授学生亲和图法的原理和应用。在时间有限的情况下，可以在项目开始时举行研讨会，并结合亲和图法的讲授和项目主题的探讨，来巧妙地解决时间限制的问题。

亲和图法中的分组和标题创建依赖于参与者的主观判断，这可能会导致不同的参与者得出不同的结果。此外，需要有足够的空间来展示卡片，卡片的管理（如丢失或损坏）也是需要考虑的问题。最后，从具体数据中提取的结论和标题可能过于抽象，难以转化为具体的行动计划。亲和图法面临的挑战同样可以在图1-21中得到总结。

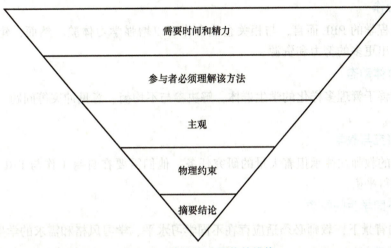

图 1-21 亲和图法面临的挑战

通过认清并应对这些优势和挑战，我们可以更有效地将亲和图法作为一种强有力的工具，促进信息的组织和创意的生成。

1.5 PBL 师资队伍建设与培训

1.5.1 师资队伍建设

大学中的教师发展是指为提高教师在其领域、教学、研究和行政管理方面的技能、知识和专长而开展的多个活动。这一概念包括多个方面，如教学改进、研究技能提高、专业成长、课程开发、导师制和领导力发展、行政管理技能、个人发展、技术整合以及道德和法律培训。

本节重点介绍工科大学基于项目学习的师资队伍建设。师资队伍建设面临着独特的挑战，这些挑战源于 PBL 本身的性质和工程教育的特殊要求，以下是目前面临的一些关键问题。

1. PBL 方法培训

许多教师可能需要更加熟悉 PBL 的原则和实践。他们需要接受有效设计、实施和评估 PBL 的培训。

2. 理论与实践相结合

在基于项目的课程中，教师必须将理论知识与实际应用巧妙地结合起来，这需要对这两方面有深刻的理解。

3. 资源分配

与传统的讲授式教学方式相比，PBL 往往需要更多的资源，包括材料、实验空间以及规划和监督的时间。

4. 评估和评价

制定适当的方法来评估学生在 PBL 环境中的学习情况可能具有挑战性。教师必须能够评估学习的过程和成果。

5. 行业合作

就针对工程学的 PBL 而言，与相关企业合作可以增强学习体验。然而，建立和维护这些关系需要付出更多的努力和资源。

6. 学生群体动态

教师必须善于管理多样化的学生群体，解决参与不均衡、意见冲突等问题，并确保实践活动的包容性。

7. 平衡研究与教学

工程大学的教师往往承担着大量的研究任务，他们需要在自身工作与 PBL 教学的高强度要求之间取得平衡。

8. 适应不同学生的需求

在 PBL 的背景下，教师必须适应存在不同学习水平、学习风格和需求的学生的环境。

9. 技术能力

工程学中的 PBL 通常涉及专业软件和技术的使用。教师需要精通这些工具，并能有效地进行教学。

10. 持续改进

PBL 方法需要根据反馈和不断变化的行业标准进行定期改进。教师必须致力于不断学习和调整。

解决这些问题需要全面的师资队伍建设计划，包括研讨会、同行指导和支持结构。这些项目侧重于 PBL 方法、教学策略、评估方法以及沟通和小组管理等软技能。大学还必须认可并奖励在实施 PBL 教学过程中所付出的额外时间和努力。

1.5.2 面向 PBL 导师的 FD 项目

在理工科大学中，基于项目式学习（PBL）方法论的教师发展（Faculty Development，FD）项目必须包括 PBL 的详细介绍以及如何为学生设计评估和评价方法。本小节将介绍面向 PBL 导师的 FD 培训理念，并给出具体操作方法。表 1-6 展示了 PBL 的 FD 项目内容。

表 1-6 PBL 的 FD 项目内容

章	小节	内容
理解 PBL	PBL 简介	PBL 的定义、发展历史和原则
	优势和挑战	PBL 在工程教育中的优势和挑战
设计有效项目	项目设计	有效项目的特征包括与学习目标的一致性、与现实世界问题的关联性和可行性
	范围与规模	确定不同级别项目的适当范围和规模
	跨学科项目	将多个学科融入项目设计
引导技巧	教师的角色	从讲授者转变为引导者
	指导学生工作	指导和支持学生团队的技巧
	管理团队动态	促进协作和解决学生团队内冲突的策略

(续)

章	小节	内容
评价	过程性与总结性评估	设计评估方法以衡量学生工作的流程和成果
	评价标准与反馈	制定一致的评价标准并提供建设性反馈
	他人与自我评估	将他人评估和自我评估同时纳入评价过程
技术整合	数字工具	使用技术支持项目管理、协作和展示
	仿真与建模软件	将与行业相关的软件整合到项目中
实施策略	课程规划	围绕PBL构建课程，包括时间安排和资源管理
	项目支撑	在学生进行项目的过程中提供支持和资源
	迭代开发	鼓励项目中的迭代设计和原型制作
评估与反思	监控与评估	评估PBL在达成学习成效方面的有效性
	反思实践	鼓励教师进行反思与总结，以持续改进PBL方法

根据上述FD项目的内容，可精心设计PBL的FD研讨会，具体安排如下。

1. 研讨会前的准备

可编制包含PBL简介的书籍或宣传册，并录制在线视频教程，详细介绍PBL的基础概念。参与者可在会前通过问卷的方式，就难以理解的内容提出问题并获得解答。通过这一过程，可以提前加深其对相关内容的理解。

2. 研讨会安排

第一天，PBL及其项目设计的初步认识：①概览PBL的核心原则及其益处；②设计贴近实际生活问题的项目。

本书第1章介绍的PBL原则和PBL的优势以一种易于理解的方式进行了阐述。通过使用PBL教学方法和合适的项目设计，可以有效提高参与者的积极性。

第二天，引导技巧与评估方法：①掌握引导技巧；②制定评估工具和评价标准。

第三天，技术融合与实践应用：①融合数字化工具与软件；②学习并掌握学生之间的交流工具、支持PBL实施的软件以及管理项目成果的软件；③规划与执行PBL课程；④规划和管理从PBL课程开始到结束的整个流程。

第四天，评估机制与持续优化：①掌握评估方法；②提供具体示例，使参与者能够理解如何评估团队学生，示例不仅涉及对PBL项目成果的评估，还包括要求学生提交何种学习成果材料的具体示例；③通过反思实践以实现教学的持续改进；④学生需要在PBL项目过程中和结束后反思他们的学习活动，这将促使他们不断改进。

3. 研讨会后的支持

PBL项目团队可通过在线研讨会或定期周报会议，持续提供后续支持。同时可通过组建一支由PBL教学专业人士组成的团队，帮助指导教师排除在PBL执行过程中的困难，同时帮助解决PBL过程中的相关教育问题。

4. 教学资源

1) 展示工程学科中PBL项目成功实施的案例，如本书第4章提供的实例。
2) 提供预先设计好的项目提案模板、评分标准和评估工具。可使用本书中的评估材料，以及学生将要制作的每周报告和自我评估表。

3）推荐 PBL 方法论的关键阅读材料和资源。

5. 持续专业成长

1）鼓励教师参与 PBL 的研讨会议：例如，提供 PBL 相关在线课程和认证的获取途径。

2）为完成学习的教师颁发证书以确定可以教授 PBL 的导师资格，并建立一个对学校中负责 PBL 教师的评价系统。例如，建立导师制度，让资深的 PBL 导师指导年轻教师。

通过以上环节，FD 培训项目将赋予老师们必要的工具和相关知识，使他们能够在自己的课程中高效地实施 PBL，进而为学生创造一个更加引人入胜和具有实践意义的学习氛围。目前，已有一些著名大学开设了 PBL 项目，具体例子如下。

1. 奥尔堡大学 PBL 学院（丹麦）

奥尔堡大学以其 PBL 方法而闻名。他们的 PBL 学院提供专门针对工科教育的 PBL 培训和研究。

2. 普渡大学 PBL 学院（美国）

普渡大学以其重要的工程课程而闻名，并提供与工程课程完美结合的 PBL 项目。

3. 代尔夫特理工大学（荷兰）

代尔夫特理工大学提供 PBL 培训，重点关注工程技术学科。

4. 麻省理工学院 MIT 教学实验室（美国）

虽然 MIT 并未专门设计 PBL 课程，但学校所提供的资源和培训有助于在工科教育中实施 PBL。

一个有效的培训计划对于 PBL 工程教育的发展至关重要，应包括的项目如下。

1. 学科重点

培训应紧密围绕工程教育的核心需求展开。通过将 PBL 作为专业课程的补充，教师可以利用自己的专业优势参与 PBL 教学。应鼓励以跨学科的方式，围绕各学科的专业知识设计 PBL 主题。以这样的视角开展 FD 活动将有助于进行良好的 PBL 教育。

2. 技术整合

在 PBL 主题设计中，应尽可能融入新兴工程领域的实验设备和软件系统，为团队学生提供超越传统课堂的新知识与实用技能。在 FD 活动中，通过研讨会的形式，支持教师将最新技术融入 PBL 教学。

3. 行业合作

虽然在所有 PBL 项目中实现与产业的合作存在挑战，但大学若能与行业相关企业保持紧密联系，积极推进与行业合作的 PBL 项目将大有裨益。此外，若能邀请业界人士作为 PBL 项目的利益相关者，那么学生的实践活动将更接近真实项目环境，从而提供更有价值的教育体验。

4. 基于研究的方法

在研究生教育阶段，PBL 项目应设计得接近研究水平，以促进学生的深度学习。在 FD 活动中，探讨如何实施基于研究的 PBL，对于增加教师参与度和提高研究生的 PBL 参与热情至关重要。

5. 实践项目驱动

PBL 项目应超越简单的资料收集与分析，鼓励学生亲自开发产品和程序。在 FD 活动中，引入实践项目有助于帮助教师理解并实施这一教学方法。

6. 同行合作与网络联系

促进教师间的联系，提供持续的支持和想法交流平台。如果研究主题不同，同一部门教师之间的学术交流会更少，与其他部门教师的互动更是少之又少。通过跨部门合作实施 PBL 相关的 FD 项目，可以促进大学教师在研究和教育方面的合作。

7. 灵活的授课方式

提供多样化的教学形式，如工作室、在线课程和研讨会，以满足不同教师和学生的需求。对于实践 PBL 的教师，FD 项目应提供灵活的思考方式和减轻负担的方法，以吸引更多教师参与。

8. 持续支持和反馈

在教师完成初始培训后，提供持续的支持和相关资源，确保教师的反馈循环能够顺畅运作，这对于 PBL 的成功实施至关重要。

9. 全球和文化视角

将全球工程挑战和解决方案融入 PBL 项目，通过与海外大学的学生和教师合作，培养具有全球视野和文化敏感度的工科人才。在 FD 活动中，教师应从这一视角出发，设计和实施 PBL 项目。

作为补充，大学可以提供定制化的内部培训计划，以适应不同课程和教师的需求。在线平台可以提供与工程教育 PBL 方法相关的课程，选择最佳课程时需要考虑项目目标、资源、教师及机构的背景，并确保课程内容能够反映最新的工程和教育趋势。

通过这些精心设计的培训项目，我们能够确保教师和学生都能从 PBL 教育中获得最大的收益。

第 2 章　PBL 的项目管理方法

📘 导　　读

本章致力于向读者介绍项目管理的基础知识，并指导如何将这些知识应用于 PBL 项目。通过阅读本章，读者将深入理解项目管理的核心理念，掌握关键的项目管理技巧，并学习如何在 PBL 项目中高效地应用这些技巧。我们首先将深入探讨项目管理的基本概念，阐释其在 PBL 项目中扮演的关键角色，并阐明项目管理如何帮助学生与教师以更高的效率进行项目的规划、执行与监控。随后，本章将细致展开项目管理的 5 大核心流程——开始、计划、执行、监督和控制、关闭，同时深入剖析每个流程中的关键活动。此外，本章还将介绍一系列广泛使用的项目管理工具与方法，包括关键路径法（CPM）、甘特图以及敏捷（Agile）方法，并探讨这些方法如何在 PBL 项目中发挥其效用。为了加深读者对 PBL 项目流程的理解，本章末尾通过深入分析具体的 PBL 项目案例，生动展示了项目管理方法的实际应用，并针对项目实施过程中可能遇到的挑战提供了详尽的解决方案与策略。

📘 本章知识点

- 项目管理的定义与重要性
- 项目管理的主要流程
- 项目管理方法
- 案例研究

2.1　PBL 的项目管理

项目管理是连接 PBL 理论与实践的桥梁。通过本节的学习，希望读者能够将项目管理的理念和方法融入到 PBL 实践中，从而提高项目的成功率，同时培养出一批具备卓越项目管理能力的高素质工程人才。本节将深入介绍项目管理方法的基础知识。首先，我们将对项目的定义进行阐释，并指出它与日常工作的显著区别。随后，我们将对项目管理领域的权威标准——项目管理知识体系（Project Management Body of Knowledge，PMBOK）进行详尽的概述，这将帮助读者构建起项目管理的知识体系。

2.1.1　什么是项目（项目与运营）

日常工作，如生产、制造、会计等，是提供相同产品或服务的连续性活动。它们的特点在于反复性和连续性，这使得工人的经验和效率随着时间的积累而不断提升，同时工作中的不确定性也随之降低。为了提高这种工作的质量和效率，通常会实行标准化操作，并对工作流程进行细分，确保任何员工都能准确无误地完成任务。如果公司能够建立一个具有类似功能的组织结构，那么将有助于业务的持续稳定发展。

与此相对，项目的本质特征在于其"独特性"和"时效性"。独特性意味着项目是一次前所未有的尝试，它涉及一些前人未曾涉足的领域。项目团队不仅要探索未知，还要面对一些全新的挑战，这些挑战可能与以往的经验有所不同，即使是重复性的工作，只要存在差异，它就构成了一个项目，需要团队集中精力去完成。

图 2-1 为我们提供了一个直观的视角，用以区分项目工作与日常工作。这张图不仅清晰地展示了项目与日常工作之间的差异，还突出了它们之间的共性。通过图 2-1 的展示，读者可以更深入地理解项目管理的复杂性以及它与日常运营的不同之处。这种对比不仅有助于我们更好地把握项目管理的本质，也为我们提供了一种方法，用以评估和优化我们的工作流程。

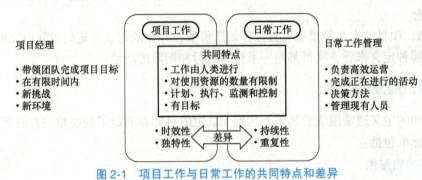

图 2-1　项目工作与日常工作的共同特点和差异

鉴于项目的独特性，也就是"做一些以前从未做过的事情"这一显著特点，首先有必要在项目活动中明确项目要做的事情。时效性意味着不是原始计划中的内容，而是根据需要开始，并有预期的结束时间。如果我们更详细地考虑"期限"这个词，就会发现两点：通常，项目开始时，项目结束的时间就已经确定；项目将在预期的结束时间的限制下实施。此外，通过预设整个项目的完成时间来创建计划至关重要。项目是在一定时期内，在新的环境中执行新任务的活动，具有时效性。因此，管理方法也不同于日常工作。

即使在日常工作中，也有设定的目标无法实现的时候。为了完成目标，可能会临时开展项目活动。在这种情况下，项目与组织的常规工作并行开展。然后，项目取得的成果将用于日常工作。

以下为项目工作与日常工作之间的共同特点：

1）由人来执行。要高效工作，就必须组建一个团队并调动其积极性。

2）使用资源有限制。只有在再生产的情况下，才有可能操纵人、物和资金，而且需要适当的投资回报。

3）计划、执行、监测和控制。团队会制订并执行项目计划，不会随意开展活动。同时，团队会对突发情况进行监测和控制。

4）要实现的目标。实施目标是为了实现组织的目标或战略。

PBL 中的项目与现实世界中的项目一样，具有独特性和时效性。在这样的项目中，必须正确界定项目的范围和项目中要做的事情的范围，这就需要"逐步阐述"。

"逐步阐述"指的是每个项目都是一次新的尝试，但在某些情况下，如教育项目中的 PBL，工作内容在一定程度上从一开始就已经决定了。同样，首先要在一个高层次的框架内确定工作内容，然后在项目的每个阶段明确细节后再做决定。项目的特点之一是，工作细节不是一开始就计划好的，而是随着项目的进行逐步被细化。

但请注意，"没有计划地进行项目"必须避免。关键点不在于"在临近后续过程开始时细化后续过程的计划"，而在于"在获得规划后续工序所需的充分信息后完善后续工序的计划"。

最后，根据著名的项目管理方法，项目的 3 种定义如下：

1）项目管理知识体系（PMBOK）。项目是一种具备时效性的工作，其目的是创造出独特的产品、服务或成果。这种工作有一个明确的开始和结束时间点。项目既可以是单独存在的，也可以是更大计划或项目组合中的一个组成部分。

2）ISO21500。项目是一套独特的流程，由协调和受控的活动组成，有开始和结束日期，旨在实现目标。

3）P2M。项目的定义是根据项目任务创造价值，并在既定或商定的时间内完成。

无论从哪种定义来看，项目都是一系列有目标和期限的活动。

2.1.2　项目的成功

项目成功的定义通常围绕着其是否达到了既定的目标和满足了利益相关者的期望。项目成功的评估标准包括：

1. 范围的完整性

项目成功地涵盖了所有预定的工作、特性和功能，并且以符合质量标准的方式完成。

2. 时间的准时性

项目在既定的时间框架内准时完成，展现了对时间管理的严格遵守。

3. 成本的控制性

项目在预算范围内得到有效控制，确保了成本效益。

这些传统的评估标准构成了项目管理中的"铁三角"，如图 2-2 所示。它们是衡量项目是否成功的关键指标。然而，随着项目管理实践的不断发展，这些标准也在不断地扩展和深化，以包含更多的维度和考量因素。

图 2-2　项目管理铁三角

项目的成功是一个综合的概念，它不仅取决于传统的铁三角（范围、时间和成本），还涉及其他关键因素，这些因素共同构成了项目成功的多维度框架，具体包括以下几点。

1. 利益相关者满意度

项目的利益相关者是指那些直接或间接参与项目，或其利益可能因项目成果而受到影响的个人或团体。这包括客户、团队成员、供应商、承包商、政府机构和社区等。项目的成功不仅在于完成既定目标，还包括满足或超出这些利益相关者的需求和期望。在2.2节中，我们将对利益相关者进行更深入的探讨。

2. 可持续性和长期可行性

项目管理中的可持续性和长期可行性是指项目在其生命周期内和周期结束后继续为利益相关者带来价值和利益，并在项目的生命周期中和周期结束后最大限度地减少对环境、社会和经济的负面影响的能力。这一概念是现代项目管理实践中不可或缺的一部分，与更广泛的可持续发展目标相一致。它包括考虑项目决策的环境、社会和经济层面及其长期后果。整合可持续性和关注长期可行性日益被视为项目管理的关键方面。它们不仅确保了项目的成功和长期相关性，还通过平衡经济增长、环境管理和社会公平，为可持续发展做出贡献。这样，项目的成果和可交付成果就能长期持续产生效益和价值。

3. 风险管理

项目管理中的风险管理涉及识别、分析和应对项目风险的系统过程。它包括将积极事件的概率和后果最大化，将不利事件对项目的影响和后果最小化。风险管理是一个积极主动的过程，旨在识别和管理威胁与机遇，以确保项目可以在规定的范围、时间和成本限制内实现其目标。有效的风险管理有助于减少负面事件的可能性和影响，并提高项目成功的概率。它需要在整个项目生命周期中持续关注，并应纳入整个项目管理流程。

4. 团队绩效和满意度

团队绩效和满意度是直接影响项目成功与否的关键因素。项目管理包括规划、执行和结束项目，同时确保项目在截止日期和预算限制内实现目标。项目管理中的团队绩效是指项目团队完成任务和实现项目目标的效率和效果。而项目管理中的团队满意度则侧重于团队成员对项目及其同事的满意度、积极性和参与度。通过优先考虑绩效和满意度，项目经理可以培养一支生产力高、积极性高、凝聚力强的团队，从而克服挑战并取得项目的成功。

5. 学习和知识增长

项目管理中的学习和知识增长是促进当前和未来项目不断改进和成功的基本要素。这些概念围绕着从经验、成功和失败中获得的知识的积累、传播和应用。学习和适应能力是非常成功的项目团队和组织与其他团队和组织的区别所在。这涉及获取新的理解、技能和见解，从而改进项目管理和执行的过程。这种学习既可以发生在个人层面，也可以发生在团队层面。知识增长指的是有系统地扩展一个组织在管理项目方面的集体理解和专业知识。它不仅包括事实的积累，还包括可用于提高项目成果的见解、方法和最佳实践。对于组织和项目经理来说，营造一种重视学习、系统地获取和共享知识的环境是取得长期成功的关键。这不仅涉及鼓励个人学习和技能发展，还包括建立促进跨项目和团队知识共享与应用的组织机制。项目为团队和组织的学习和知识库做出贡献。

6. 创新和创造力

项目管理中的创新和创造涉及引入新的想法、流程和方法技术，以提高项目的执行力。这些要素对于适应不断变化的环境、克服挑战以及实现项目价值至关重要。创新和创造力可以体现在项目管理的各个方面，从规划和执行到监管和总结都涉及创新和创造力。

7. 与战略目标保持一致

该项目符合组织的战略目标，并与其相互促进。这一点高等教育中的 PBL 没有考虑到。然而，在现实世界中，与战略目标保持一致对项目管理至关重要。在项目管理中，与战略目标保持一致指的是要确保项目有助于实现组织的总体目标和使命。这种一致性对于确保投入到项目中的资源（如时间、金钱和人员）能够有效地推动组织实现其长期目标、实现价值最大化以及支持可持续增长至关重要。

与战略目标保持一致有助于实现更高的效率、更好的资源分配、提高利益相关者的满意度并获得更大的竞争优势。对于项目管理专业人员来说，了解项目背景可帮助他们做出更明智的决策，确定任务的优先次序，并与利益相关者进行更有效的沟通，从而提高项目成功率，促进组织的发展。

8. 合规和道德标准

项目管理中的合规和道德标准是指导项目规划、执行和管理的基本要素，其方式既要遵守法律规定，又要符合道德标准。这些标准不仅能确保项目实现目标，而且能以负责任、透明和尊重所有利益相关者的方式实现目标。它们是负责任的项目管理不可或缺的一部分，能够维护法律、尊重个人并对社会做出积极贡献。

本质上，一个成功的项目不仅要在范围、时间和成本上兑现最初的承诺，还要为其利益相关者增加价值，为组织学习做出贡献，并实现更广泛的战略目标。

2.1.3 PMBOK 概要

项目管理是一门为实现特定目标和达到特定成功标准而启动、规划、执行以及监控团队工作的学科。它是将知识、技能、工具和技术应用到项目活动以满足项目要求的过程。这是 PMBOK（项目管理知识体系）中对项目管理的定义。在此，我们将解释《PMBOK 指南》，以帮助读者理解项目管理概念。

《PMBOK 指南》会定期更新，以反映不断发展的项目管理领域。因此，这些章节的具体内容可能会随着每个版本的变化而略有不同。截至 2023 年 4 月的最后一次更新，该版本已更新到第 7 版，与之前的版本相比，其结构和内容可能会有一些变化。

PMBOK 收集了世界各地项目管理网站的专业技能，并根据从业人员的反馈意见不断进行修订。我们可以将其内容视为其他公司的范例和参考案例的汇总。它具有足够的通用性，适用于任何行业的大多数项目。

然而，由于 PMBOK 是通用的，所以在实际项目中，它需要根据每个项目的性质量身定制。这里的"量身定制"是指需要根据实际情况进行修改和完善，并确定具体的业务流程和规则。

PMBOK 还为项目管理提供了通用术语。由于大多数项目涉及与不同组织和公司的合作，因此能够使用"共同语言"进行交流至关重要。

术语可能根据行业或领域的不同而有所不同，使用通用术语有助于在达成共识的情况下开展工作。因此，我们可以通过使用 PMBOK 的术语来顺利开展合作，PMBOK 是目前世界上通用的标准。

1. 流程组

图 2-3 显示了《PMBOK 指南》的 5 个流程组，括号中的数字代表每个流程组所包含的流程数量。

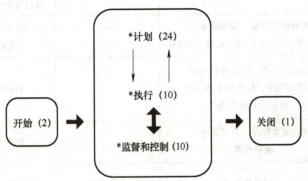

图 2-3 5 个流程组结构

《PMBOK 指南》遵循项目从开始到关闭的流程，分为 5 个流程组（开始、计划、执行、监督和控制、关闭），总共包含 47 个流程。其中有 2 个启动开始过程、24 个计划过程、10 个执行过程、10 个监督和控制过程、1 个关闭收尾过程。

根据图 2-3，项目管理中的流程数量对于计划流程来说是非常重要的。

让我们按顺序来看看流程组。

（1）首先是开始

开始过程是在启动项目之前获得许可的过程。在开始过程中，要确定项目的目的、目标、预算和成果。

（2）第二个是计划

计划过程是为项目的成功制订计划的过程。在计划过程中，要确定 24 个详细流程。

（3）第三个是执行

执行过程是根据计划实际执行项目的过程。根据进展情况，可能需要完善计划。

（4）第四个是监督和控制

监督和控制过程是在项目进行过程中持续检查与工作计划的偏差。如果有偏差，我们将采取纠正措施。

（5）最后是关闭

关闭过程是通过检查规定流程是否已正确完成，从而正式结束项目或流程的过程。这对于结束项目组织，分析获得的诀窍并将其用于下一个项目至关重要。

《PMBOK 指南》详细阐述了以上流程详情，表 2-1 分别介绍了 5 个流程组。表格的左侧从上到下列出了项目管理相关的 10 个知识领域类别：集成、范围、时间、成本、质量、资源、沟通、风险、采购和利益相关者。监督和控制与所有流程有关，关闭只与集成流程有关。

表 2-1 PMBOK 流程组和知识领域

知识领域	流程组				
	开始（2）	计划（24）	执行（10）	监督和控制（10）	关闭（1）
集成管理	制定项目章程	规定项目管理计划	指导和管理项目工作	管理项目知识、监督和控制项目工作、执行综合变更控制	总结项目（或项目阶段）
范围管理		规划范围管理、收集需求、定义范围、创建工作分解结构（WBS）		验证范围、控制范围	
时间管理		规划进度管理、定义项目活动、安排活动顺序、估算资源和工期、制定项目进度表		控制时间	
成本管理		规划成本管理、估算成本、确定预算		控制成本	
质量管理		规划质量管理	管理质量	控制质量	
资源管理		规划资源管理、估算活动资源	获取资源、发展团队、管理团队	控制资源	
沟通管理		规划通信管理	管理传播	监测传播	
风险管理		风险管理规划、识别风险、执行定性风险、执行定量风险、计划风险应对措施	实施风险应对措施	监控风险	
采购管理		规划、采购管理	进行采购	控制采购	
利益相关者	确定主要利益相关者	规划利益相关者参与	管理利益相关者的参与	监督利益相关者的管理	

2. 10 个知识领域

接下来，我们将讨论 PMBOK 定义的 10 个知识领域。该知识领域包括项目集成管理、核心要素和补充要素，如图 2-4 所示。

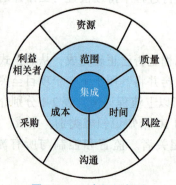

图 2-4 10 个知识领域

(1) 项目集成管理

项目集成管理包括识别、定义、组合、统一和协调项目管理流程组内各种流程和项目管理活动所需的流程和活动。本质上，项目集成管理确保项目得到妥善的计划、执行和控制，并且整合项目管理的所有方面。

项目集成管理对于保持项目管理流程的整体性至关重要，能确保它与组织的策略和目标保持一致，从而确保项目的成功交付。这要求项目经理具备出色的领导力、协调和沟通能力，以便有效地协调所有团队成员和利益相关者的努力。

(2) 核心要素

1) 项目范围管理

该领域侧重于定义和控制项目所包含和不包含的内容的流程。项目范围管理的主要目标是确保项目包括所有必要的工作，且仅限于完成项目所需的工作。这涉及清晰地了解项目和产品要求，界定项目范围，以及管理范围内的任何变化。

有效的项目范围管理需要经过周密的计划、清晰的沟通和持续的管理，以确保在既定范围内实现项目目标。

2) 项目时间管理

该领域侧重于管理及时完成项目所需的流程。它涵盖了规划、估计、安排和控制项目工作等活动，以确保在既定的时间框架内实现项目目标。有效的项目时间管理对于按时交付项目至关重要，而能否按时交付往往是项目成功的关键指标。

高效的项目时间管理要求对项目的范围、资源和限制有深入的理解，并需要对项目时间表进行持续的监督和调整。通过对流程进行优先排序和有效管理，项目经理可以大大提高按计划完成项目的可能性。

3) 项目成本管理

项目成本管理是项目管理的一个重要组成部分，它侧重于规划、估算、预算、融资、资助、管理和控制成本的过程，以便在批准的预算范围内完成项目。有效的项目成本管理可确保项目的财务资源得到高效、合理的使用，从而在实现项目目标和预期价值的同时，保证项目不超出预算。

有效的项目成本管理需要准确的成本估算、切合实际的预算、持续的成本监控和主动的成本控制措施。通过坚持这些做法，项目经理可以大大提高在预算范围内交付项目的可能性，从而促进项目总体的成功。

(3) 补充要素

1) 项目质量管理

项目质量管理涵盖确定质量政策、目标和责任所需的过程和活动，以确保项目能够满足其旨在实现的需求。项目质量管理旨在通过在整个项目生命周期中整合质量规划、质量保证和质量控制流程，确保项目交付成果，以满足客户和利益相关者的要求和期望。

有效的项目质量管理要求所有项目团队成员和利益相关者对质量做出持续承诺。它包括质量规划、实施质量保证实践和执行质量控制活动，以确保项目满足既定的质量标准和利益相关者的预期。

2) 项目资源管理

它侧重于有效管理项目涉及的各种资源所需的流程。这些资源包括人力资源（团队成员、承包商、供应商）、设备、设施、资金以及成功完成项目所需的任何其他资源。项目资源管理的主要目标是确保项目在适当的时间获得必要的资源，并确保这些资源得到高效的利用。

项目资源管理是一个动态的、持续的过程，需要在项目的整个生命周期中持续不断地关注。通过有效管理资源，项目经理可以确保项目在预算范围内按时完成，并达到预期的质量标准。

3）项目沟通管理

这一领域侧重于必要的流程，以确保及时、适当地规划、收集、创建、分发、存储、检索、管理、控制、监测和最终处置项目信息。有效的沟通管理至关重要，因为它是项目管理各个方面的基础，也是项目成功的关键。沟通不畅可能导致误解、冲突、延误和项目失败。

有效的项目沟通管理要求了解每个利益相关者或利益相关者群体的信息需求，并采用适当的沟通技术、方法和实践来满足这些需求。这就需要确保沟通是双向的，允许必要的反馈和调整，并认识到沟通的偏好和要求可能会在项目过程中发生变化。

4）项目风险管理

项目风险管理包括对项目风险进行识别、分析和应对的过程。这包括最大限度地提高积极事件（机会）的概率和影响，最大限度地降低不利事件（威胁）的概率和影响。有效的风险管理对项目的成功至关重要，因为它有助于确保在整个项目生命周期中识别、理解和主动管理风险。

有效的风险管理需要持续观察和调整，因为项目风险会在整个项目生命周期中不断变化和发展。这是一个动态和迭代的过程，目的是在潜在问题危及项目成功之前了解并减轻其影响。

5）项目采购管理

项目采购管理是指为完成项目而从项目团队之外购买或获取所需产品、服务或成果的过程。这一领域包括与第三方或外部组织签订合同，以完成项目团队因缺乏专业知识、资源或时间等各种原因而无法单独完成的工作。

有效的采购管理需要对采购活动进行精心策划、选择、合同制定和持续管理，以确保采购活动符合项目目标和交付物。这些活动涉及项目经理、采购专业人员和其他利益相关者之间的合作。

6）项目利益相关者管理

项目利益相关者管理是项目管理中的一项重要内容，其重点是识别可能影响项目或受项目影响的人、群体或组织，分析利益相关者的期望及其对项目的影响，并制定适当的管理策略，以有效地让利益相关者参与项目决策和执行。有效的利益相关者管理对项目的成功至关重要，因为它有助于与利益相关者建立和保持良好的关系，确保他们的需求和期望得到理解和管理，从而确保项目在阻力最小的情况下进行。

有效的利益相关者管理可确保项目满足或超越利益相关者的需求和期望，提高项目的认可度和满意度，从而促进项目的成功。项目利益相关者管理是一个持续的过程，需要在整个项目过程中持续关注。通过有效管理利益相关者的参与，项目经理可以充分掌握利益相关者利益和影响的复杂性，从而取得更成功的项目成果。

以上这些要素对任何项目都至关重要，是项目管理的核心。范围、时间和成本是项目的三个重要制约因素，它们之间相互影响。

3. 3个制约因素

接下来，我们将讨论PMBOK中定义的3大制约因素。项目的3大制约因素是范围、时间和成本。与图2-2中的"铁三角"类似，如果这3个制约因素中的任何1个发生变化，其他因素都会受到影响。考虑到三角形的结构，只改变一个方面而不影响其他两个方面是不可能的。换句话说，改变1个要素就会影响其他要素，就需要进行相应的变更。3个制约因素如下。

（1）范围限制

在项目开始前确定范围，并定期向所有利益相关者明确传达，以避免"范围蠕变"。范围蠕变是指特性和功能在没有适当控制的情况下不断缓慢改变。为防止范围蠕变，可采取以下措施：

1）在项目开始时，记录项目的全部范围，包括所有要求。

2）建立一个管理所有变更的流程。提出变更时，需要一个管理系统来审查、批准、拒绝和采纳变更。

3）与利益相关者就项目范围进行清晰且频繁的沟通。

（2）时间限制

PMBOK建议按照以下步骤进行有效的时间管理。

1）规划，包括确定项目团队的主要目标、团队如何努力实现这些目标，以及实现这些目标所需的设备和步骤。

2）时间安排。项目管理团队为项目各阶段的完成制定一个可行的时间表。

3）监测，涉及对已完成阶段的绩效进行分析，在项目开始后密切关注趋势和对项目团队计划的影响，并将结果传达给所有相关利益者。

4）管理。在管理步骤中，团队在通报项目各阶段的成果后，将适当地推动项目前进。这意味着要分析促成积极结果的因素，以便在项目顺利进行时对其进行维护和改进。如果项目在中途偏离轨道，则需要回顾当时的情况并分析总结偏离轨道的原因，为未来做好规划。还可以使用甘特图，通过可视化项目时间表来管理时间限制。

（3）成本限制

项目预算包括固定成本和可变成本，如材料、许可证以及参与项目的团队成员的劳动或财务影响。以下是一些估算项目成本的方法。

1）历史数据，查看近年来执行的类似项目的预算。

2）资源，估算货物和劳动力成本。

3）参数，将历史数据与更新的相关变量进行比较。

4）供应商投标，计算多个可信供应商投标的总平均值。

有效的成本管理是项目成功的最关键因素。

4. 具体原则

接下来，我们将讨论PMBOK中基于原则的框架，它强调在项目管理中从基于流程的方法转向基于原则的框架。这一变化旨在为项目管理实践的应用提供更大的灵活性和适应性。PMBOK确定了12项对有效项目管理至关重要的原则。这些原则旨在指导项目经理和团队的决策过程,确保项目管理实践更具普适性,并能够根据每个项目的独特需求进行调整,具体原则如下。

(1) 管理工作

管理工作的原则被定义为做一位勤勉、尊重和关爱的管理者。这一原则强调项目经理及其团队必须对委托给他们的资源负全责,并在管理这些资源时关心和尊重所有利益相关者。从本质上讲,管理工作的原则要求项目经理在领导和管理项目时,要有责任感,要关心所涉及的资源和人员,力求取得可持续的、符合道德规范的成果,使所有利益相关者受益。

(2) 团队

与团队有关的原则被表述为"建立一种问责和尊重的文化"。该原则强调,营造积极的团队环境至关重要,在这种环境中,团队成员对自己的贡献负责,并尊重彼此的角色、专长和差异。项目的成功不仅取决于个人能力,还取决于团队的合作效率。

通过建立问责和尊重的文化,项目经理可以创造一个支持性的、富有成效的团队环境,从而提高绩效、促进创新,并为项目的成功完成做出贡献。这一原则强调了领导力、人际交往技巧和组织文化对实现卓越项目的重要性。

(3) 利益相关者

与利益相关者有关的这一原则侧重于有效地吸引利益相关者以了解他们的利益和需求。通过坚持这一原则,项目经理及其团队可以与利益相关者建立并保持积极的关系,这对于应对现代项目的复杂性并取得成功至关重要。这一原则强调了理解和管理参与项目或受项目影响者的多样化观点和需求的价值。

(4) 价值

围绕价值的原则被表述为"注重价值"。这一原则强调了确保在项目管理过程中所做的每项决策和采取的每项行动都与为利益相关者和组织创造、交付和提升价值相一致的重要性。通过关注价值,鼓励项目经理及其团队做出有助于项目长期成功和可持续发展的决策和行动,确保项目为利益相关者和组织带来有意义的切实利益。这一原则强化了价值交付是项目管理的核心。

(5) 系统思维

与系统思维有关的原则是"认识并应对系统的相互作用"。这一原则强调了整体思维或系统思维在项目管理中的重要性。它涉及理解项目的不同要素如何在组织和外部环境的更大系统中相互作用。这一原则鼓励项目经理及其团队将项目视为一个复杂系统的一部分,该系统与各种内部和外部因素相互作用,并受这些因素的影响,而不仅仅是单个任务或组成部分的集合。

通过运用系统思维,项目经理及其团队可以更好地驾驭项目的复杂性,做出更明智的决策,并将其行动的更广泛后果考虑在内。这种方法有助于实现更加可持续、有效和高效的项目成果,并与组织目标和利益相关者的价值观保持一致。

(6) 领导能力

与领导能力相关的原则是"激励、影响、指导和学习"。这一原则强调了领导力在项目管理中的关键作用,强调项目领导者应激励其团队,积极影响利益相关者,提供指导和辅导,并不断寻求学习和改进的机会。这一原则让我们认识到,项目管理中的领导力不仅仅是任务协调，它还涉及激励和引导团队应对挑战，营造积极和富有成效的工作环境，并推动项目顺利完成。

（7）因材施教

因材施教原则被描述为"根据项目的具体情况调整管理方法"。这一原则强调了调整项目管理实践和方法以适应每个项目的具体需求、限制和机遇的重要性。由于认识到没有放之四海而皆准的方法适用于每个项目，因此"因材施教"包括调整流程、工具和技术，以最大限度地适应项目的独特环境、目标、利益相关者和挑战。

通过应用因材施教原则，项目经理可以确保其管理方法尽可能有效和高效，从而直接促进项目的成功，并最大限度地为利益相关者创造价值。

（8）质量

与质量有关的原则是"将质量融入过程和结果"。这一原则强调了将质量管理实践融入项目管理过程（从开始到关闭）各个方面的重要性。该原则认为，质量不应是事后考虑的问题，也不应仅仅是一项合规要求，而应是从项目一开始就规划、设计和构建的基础要素。通过在项目过程和结果中注重质量，项目经理可以确保交付成果达到或超过利益相关者的预期，从而提高项目的价值和成果。这一原则强调了质量管理是项目管理中一个积极主动、不可或缺的组成部分，有助于项目取得全面成功。

（9）复杂性

与复杂性相关的原则是利用知识、经验和学习解决复杂性问题。这一原则承认项目往往涉及各种来源的复杂性，如技术挑战、组织动态、市场条件和利益相关者关系。要成功地管理项目的复杂性，就必须采取综合方法，利用知识、汲取经验并不断学习。

通过将知识、经验和学习相结合来解决复杂性问题，项目经理可以制定更有效的策略来应对项目生命周期中出现的挑战，从而做出更好的决策并取得更好的项目成果。

（10）风险

与风险有关的原则是"应对机遇和风险"。该原则强调在整个项目生命周期中主动识别、分析和管理机遇与风险的重要性。它强调，有效的风险管理不仅要减轻潜在的负面影响（风险），还要认识和抓住机遇，以增加价值和改善项目成果。

通过关注机遇和风险，项目团队可以提高实现项目目标、提供价值和支持组织目标的能力。这一原则反映了风险管理的一种全面和平衡的方法，对于成功的项目管理至关重要。

（11）适应性和复原力

与适应性和复原力有关的原则是"要具备适应性和复原力"。该原则强调项目团队和组织在项目过程中应保持灵活性和应变能力，以应对出现的变化和挑战。它承认变化是项目管理中的常态，而适应不断变化的环境并从挫折中反弹的能力对于项目的成功至关重要。

通过体现适应性和复原力，项目团队可以驾驭项目工作中固有的复杂性和不确定性，确保他们能够有效应对变化、克服障碍，并继续朝着实现项目目标和交付价值的方向前进。

（12）变革

与变革有关的原则是"促成变革"，实现设想的未来状态。该原则强调了对变革持开放态度和积极管理变革的重要性，这是推动项目顺利完成并确保项目实现预期价值和效益的基本要素。该原则认识到项目中的变革不可避免，并且有效的变革管理对于适应新信息、不断发展的利益相关者需求以及可能影响项目的外部因素至关重要。

通过使变革成为可能并有效地管理变革,项目经理可以确保项目与战略目标保持一致,适应必要的方向转变,并克服挑战,实现所设想的未来状态。这一原则强调了项目管理的动态性质,以及需要积极主动的变革管理实践来应对项目的复杂性和不确定性。

这些原则旨在指导项目经理及其团队应用各种项目管理方法和技术,从而在各种项目环境和背景下实现项目目标。

5. 绩效

最后,我们将介绍绩效领域。《PMBOK 指南》在项目管理的结构和方法上的变化,从基于流程的框架转变为基于原则的框架。除 12 项指导原则外,指南还概述了 8 个绩效领域。这些绩效领域对项目成果有效交付至关重要。它们比之前版本的《PMBOK 指南》中的流程组和知识领域更广泛、更全面。这些领域旨在更具普适性,并强调项目管理中的价值交付系统。《PMBOK 指南》共有以下 8 个绩效领域。如图 2-5 所示。

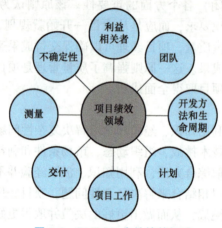

图 2-5　PMBOK 中的绩效领域

(1) 利益相关者

它强调要与利益相关者接触,以了解他们的需求和期望,控制他们的影响,并确保项目目标与利益相关者的要求保持一致。

(2) 团队

侧重于建立具备必要技能和能力的团队,促进协作,营造信任、安全和负责任的环境。

(3) 开发方法和生命周期

这涉及制定一个全面的方法,从而指导项目的整个生命周期,包括范围、时间、成本、质量、资源、沟通、风险、采购和利益相关者等方面的战略。

(4) 计划

它涵盖了确定范围、目标和实现预期项目成果所需的行动过程。

(5) 项目工作

项目工作是指项目的具体执行,包括为完成项目成果和管理项目知识而开展的所有必要工作。

(6) 交付

这涉及通过交付项目成果来实现项目目标,确保项目的产出和成果与业务目标保持一致,并创造价值。

(7) 测量

它侧重于使用关键绩效指标和其他衡量标准来监测、评估和交流项目绩效,从而促进决策和持续改进。

(8) 不确定性

要认识到需要管理风险和机遇,解决可能影响项目的已知和未知问题,并采用策略有效地应对不确定性和复杂性。

它涉及在整个项目过程中识别和管理不确定性和风险,以确保实现项目目标。这些绩效领域代表了项目经理需要关注的重点领域,关注这些领域有助于确保项目取得成功的结果。它们旨在适应和适用于各种类型的项目、行业和方法,反映了项目管理实践不断发展的本质。

这些绩效领域旨在为项目管理提供一个整体视角,将项目管理的传统方面与更新、更具适应性的方法相结合。这种方法使项目经理及其团队能够调整他们的方法和实践,以更好地适应每个项目的独特需求。

2.2 传统项目管理

本节我们首先讨论几种项目管理方法;然后解释从开始到结束的项目管理方法;接下来再谈谈利益相关者的概念。我们还将解释项目管理中的三大工具,包括:工作分解结构(WBS)、关键路径法(CPM)和甘特图(Gantt 图)。

2.2.1 项目管理方法

项目管理方法大致可分为 6 种类型,每种类型都有其方法论、框架和实践。这些方法的选择基于项目的需求、复杂程度、团队规模以及行业标准和利益相关者期望等其他因素。以下是项目管理方法的主要类型。

1. Waterfall

Waterfall 是一种线性顺序方法,每个阶段必须在进行下一阶段之前完成。它非常适合需求明确、不可能发生变更或变更成本较高的项目。

2. Agile

Agile 是一种灵活的迭代方法,侧重于与客户协作、适应变化,以及交付项目的小部分增量,而不是单一的最终交付成果。Agile 是一个广泛的类别,包括 Scrum、Kanban 和 Extreme Programming(XP)等几种方法。

Scrum 是 Agile 方法的一个子集,侧重于短期冲刺(通常为 2~4 周)以完成特定任务,并定期重新评估和调整计划。它强调团队协作、定期反馈循环,以及一套角色和仪式来促进这一过程。

Kanban 是另一种 Agile 框架,其重点是在看板上可视化工作、限制工作进度、持续交付小批量工作。它强调流程和效率。

XP 是一种 Agile 框架,可提高软件质量和对不断变化的客户需求的响应速度。XP 强调结对编程、测试驱动开发(TDD)和持续集成等技术实践。

3. Hybrid

混合项目管理结合了传统方法（如 Waterfall 方法和 Agile 方法）的元素，以满足项目的特定需求。混合方法可以为某些项目部分提供 Waterfall 方法的结构，同时为其他部分采用 Agile 方法的灵活性。

4. CPM（关键路径法）

这是一种循序渐进的项目管理技术，用于识别关键任务和非关键任务，目的是防止出现时限问题和流程瓶颈。

5. CCPM（关键链项目管理法）

它侧重于资源规划和管理，确定项目的"关键链"（依赖任务的最长持续部分），并应用缓冲区来管理不确定性。

6. Prince2（受控环境中的项目）

这是一种基于流程的有效项目管理方法。它在国际上得到了广泛认可和使用。它为个人和组织管理项目的基本要素提供指导。

这些方法各有优缺点，如何选择取决于各种项目因素，包括项目的规模、复杂性，团队规模，以及行业标准和利益相关者期望等其他因素。通常情况下，组织会对这些方法进行定制或混合，以最大限度地满足项目需求和组织文化。

2.2.2 项目管理

项目管理有三种核心模式，包括：传统项目管理（Waterfall）、敏捷项目管理（Agile）和混合项目管理（Hybrid）。本节主要讨论 Waterfall。

Waterfall 是一种线性和顺序式的项目管理方法，以预先确定的阶段和固定计划为基础。这种方法的特点是结构化，每个阶段都必须在下一阶段开始之前完成，阶段之间几乎没有重叠。Waterfall 模型通常用于需求已被充分理解且在项目生命周期内不太可能发生重大变化的项目。在建筑、制造和软件开发项目中，尤其是在交付目标明确、需求稳定的复杂大型系统中，Waterfall 模型备受青睐。

为了理解 Waterfall，我们想通过下面的例子来展示一些基于项目的学习理念。在 PBL 环境中应用 Waterfall 的例子涉及一个结构化的教育项目，该项目从一开始就明确定义了目标、资源和时间表，并通过连续的阶段推进项目。下面介绍如何将 Waterfall 模型应用到 PBL 中，图 2-6 显示了本示例中 Waterfall 项目的流程。

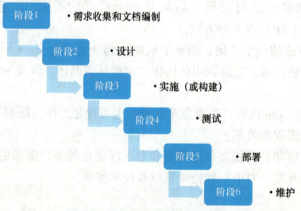

图 2-6　PBL Waterfall 项目示例

项目：建造生态友好型的房屋

目标：设计并建造一座采用可持续材料和节能技术的生态友好型房屋模型。该项目旨在向学生传授可持续建筑实践、项目管理、团队合作和技术绘图技能。

阶段1：需求收集和文档编制

活动：学生在教师的指导下研究环保建筑材料和技术。他们要确定项目要求，包括规模、材料、能源解决方案和可持续性特征。

成果：详细的需求文件，概述样板房的规格和要求。

阶段2：设计

活动：以需求文件为指导，学生以小组为单位进行房屋的详细设计。这可能包括建筑图纸、材料规格和能源解决方案。

成果：综合设计包，包括蓝图和在建造模型房屋过程中使用的材料和技术清单。

阶段3：实施

活动：学生开始建造样板房，应用设计阶段指定的技术和材料。这一阶段可能包括有关模型建造、可持续材料和节能设计的研讨会。

成果：建成的生态友好型房屋模型。

阶段4：测试

活动：学生测试房屋的可持续发展特征，如隔热效率、材料的耐用性和太阳能电池板（如有）的有效性。

成果：根据设计阶段设定的可持续发展标准详细说明样板房性能的报告。

阶段5：部署

活动：向班级、学校或社区展示建成的房屋。学生解释房屋的设计选择、所用材料和可持续发展特点。

成果：演示或展览，展示房屋模型及其特点。

阶段6：维护

活动：在这种情况下，维护可能包括对项目过程进行反思、维护模型以供展示，或将模型用作未来课堂的教学辅助工具。

成果：维护和反思报告，包括经验教训和对未来项目的建议。

接下来，将对PBL的实施步骤进行说明。

1）详细规划。主管概述项目阶段、时间表和评估标准，确定每个阶段所需的资源和材料。

2）广泛记录。学生需要记录项目的每个阶段，从最初的研究到最后的展示。

3）利益相关者沟通。定期与主管（以及可能的外部利益相关者，如当地建筑师或环保人士）进行沟通，确保项目按计划进行，并与学习目标保持一致。

4）严格测试。测试阶段确保项目达到教学目标，并允许学生在实际环境中应用理论知识。

5）变更控制。Waterfall灵活性较低，但可通过结构化流程管理基于学习成果或资源可用性的变更。

6）回顾与学习。项目完成后，汇报有助于总结经验教训，加强项目的教育价值。

在这个PBL案例中，Waterfall模型提供了一种结构化的方法，让学生能够在实际环境中应用和学习项目管理原则，同时还能获得有关可持续建筑实践的知识。

项目管理是一门涉及规划、执行和控制项目以实现特定目标和达到特定成功标准的学科。它是一个结构化的过程，可以帮助组织和个人在时间、预算和范围限制内高效地完成项目。我们重点关注标准项目的 5 个主要阶段，称为 PBL 的生命周期，如图 2-7 所示。项目的阶段可分为开始、计划、执行、监督和控制、关闭。

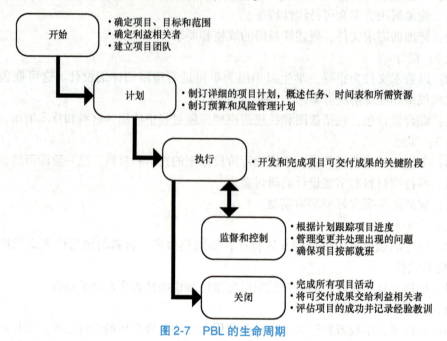

图 2-7　PBL 的生命周期

1. 开始

启动阶段是项目开始之前的阶段，包括确定项目、目标和范围，确定利益相关者，以及建立项目团队等。有效启动项目是项目成功的关键。在此阶段需要考虑以下一些关键问题。

（1）设定目标

制定目标管理原则（具体、可衡量、可实现、相关、有时限），为项目指明方向。

（2）确定项目范围

它明确定义了项目将涵盖和不涵盖的内容，以避免范围蠕变。在项目管理中，项目范围指的是项目可交付成果或特征的详细集合。这些可交付成果源于项目目标，代表了成功完成项目所需的工作，具体包括：

1）可交付成果：项目将提供的产品、服务或成果。

2）边界：明确界定项目包括和不包括的内容。

3）任务：为实现项目成果需要完成的工作。

4）资源：所需人力、设备和预算的概述。

（3）识别和分析利益相关者

识别所有利益相关者，了解他们的需求和期望。

（4）制定项目章程

制定项目章程，正式授权项目并概述关键要素。

（5）建立项目团队

建立一支具备适当技能和角色的精干团队。

在项目开始时就彻底了解这些问题，可以大大增加项目成功的机会。

2. 计划

计划阶段是制订详细项目计划的阶段，包括概述任务、时间表和所需资源，以及制订预算和风险管理计划。计划为如何执行和管理项目奠定了基础。这一阶段需要考虑的重点问题包括以下几点。

（1）制订详细的项目计划

制订一份全面的计划，概述任务、时间表、资源和依赖关系。计划是项目执行的路线图。

（2）资源规划

确定所需的具体资源（人员、设备、材料），并确保这些资源在整个项目时间轴内的可用性。

（3）预算编制和成本估算

制订详细的预算，考虑人工、材料、设备和管理费用等所有成本。

（4）风险管理规划

识别潜在风险，评估其影响和概率，制订缓解策略和应急计划。

（5）确定角色和职责

明确划分每个团队成员的角色和职责，避免混淆和重叠。

（6）设定里程碑和最后期限

制订关键的时间点和截止日期，以跟踪进展情况并保持项目势头。

（7）沟通计划

制订沟通策略，概述利益相关者之间如何共享信息，包括更新和解决问题的频率、方法和规程。

（8）质量管理规划

确定质量标准和流程，确保项目的产出达到要求的标准。

（9）利益相关者参与计划

计划如何在整个项目期间与利益相关者接触并对其进行管理，以确保满足他们的需求和期望。

（10）采购计划

如果需要外部资源或服务，则应制订采购计划，包括供应商选择、合同管理以及与项目的整合。

（11）制订进度表

制订详细的进度表，使资源和活动在时间上保持一致，同时考虑依赖关系和关键路径。

（12）变更管理计划

制订项目范围、进度和成本变更管理流程，包括审批机制。

（13）培训和发展需求

确定团队成员的培训或发展需求，确保他们掌握必要的技能和知识。

（14）健康、安全和环境因素

确保遵守健康、安全和环境法规及最佳做法。

在计划阶段解决这些问题可以大大提高项目的效率和成功机会。

3. 执行

项目的执行阶段是将计划付诸行动的阶段。这是开发和完成项目可交付成果的关键阶段。

执行阶段是动态的，往往是项目生命周期中最长的阶段。成功的执行需要认真监督和控制，以便与项目计划保持一致，并适应不断变化的条件和要求。

4. 监督和控制

项目的监督和控制阶段包括跟踪、审查和调节项目的进度和绩效。它通过实施必要的变更来确保项目目标的实现。这一阶段的主要内容包括以下几点。

（1）绩效衡量

使用适当的工具和技术，如挣值管理，跟踪和衡量项目绩效。根据基线计划衡量项目绩效。

（2）进度跟踪

根据进度表定期监测任务的进展情况，找出任何偏差或延误。

（3）质量控制

确保项目交付成果符合预定的质量标准，并在必要时采取纠正措施。

（4）风险监控

持续监控整个项目的风险，并在必要时实施风险应对计划。

（5）预算管理

根据项目预算跟踪实际支出，并管理任何差异。

（6）范围核实与控制

确保项目不超出既定范围，并有效管理范围变更。

（7）变更管理

管理项目范围、进度和资源的变更，并将这些变更纳入计划。

（8）利益相关者的沟通和参与

随时向利益相关者通报项目进展情况和问题，并酌情让他们参与决策。

（9）进度控制

根据延误或变更情况调整项目进度，并在必要时采用技术手段使项目重回正轨。

（10）问题管理

识别、跟踪和解决项目过程中出现的问题。

（11）资源分配

确保资源得到有效利用，并在必要时做出调整。

（12）文档和报告

全面记录项目进展、变更、问题和决策，并定期向利益相关者汇报。

（13）合同与采购管理

监督涉及外部供应商的合同和采购，确保合规。

（14）合规监督

确保项目遵守相关法律、标准和内部政策。

这一阶段对于做出明智决策和采取纠正措施以确保项目符合其目标、进度表和预算至关重要。它通常与执行阶段同时进行,并贯穿整个项目生命周期。

5. 关闭

项目的收尾阶段至关重要,因为它确保项目的所有方面都已敲定并正式结束。这一阶段的基本问题包括以下几点。

（1）完成项目工作

确保完成、批准和移交所有项目成果。

（2）客户或利益相关者验收

获得客户或主要利益相关者对项目成果的正式认可。

（3）结束合同

与供应商或合作伙伴敲定并结束合同。

（4）财务结算

确保支付所有账单,履行财务义务,并结束项目预算。

（5）文件编制

汇编并最终确定项目文件,包括项目报告、经验教训和历史信息,供今后参考。

（6）总结经验教训

召开总结经验教训会议,讨论哪些地方做得好,哪些地方做得不好,以及今后如何改进类似项目。

（7）释放项目资源

释放项目资源,包括团队成员、设备和材料,并在必要时重新分配。

（8）项目后评估

根据项目的最初目标、范围、预算和进度表对项目进行评估,以评价其成功与否以及需要改进的地方。

（9）项目移交

如果适用,将可交付成果移交给运营团队或下一阶段。

（10）庆祝和表彰

表彰团队的努力和成就可以鼓舞士气,激发未来项目的动力。

（11）存档记录

将所有项目文件和记录集中存放,以便日后参考和审计。

（12）解散团队

正式解散项目团队,并就他们今后的角色进行明确沟通。

解决这些问题可确保项目得以完成,使其成果具有可持续性,并顺利过渡到运营或下一步骤。

项目管理可应用于各个领域和行业,从建筑和工程到信息技术和产品开发。不同的方法,如 Agile 或 Waterfall,提供了不同的项目管理方法以供公司选择。此外,成功的项目管理需要有效的沟通、领导力和适应不断变化的环境。

2.2.3 利益相关者

项目或业务背景下的利益相关者是指对项目感兴趣的个人、团体或组织,他们可能会影响项目的结果，也可能会受到项目结果的影响。了解利益相关者对于项目管理和业务运营的成功至关重要。

1. 利益相关者的主要类型

（1）客户

将使用项目产出的产品或成果的个人或组织。

（2）项目团队成员

直接参与项目工作的人员。

（3）项目经理

负责管理项目并确保项目成功的人员。

（4）发起人

组织并为项目提供资金或支持的个人或团体。

（5）供应商和销售商

为项目提供必要产品或服务的外部机构。

（6）高级管理层

在项目中拥有既得利益并能规划项目方向的高层管理人员。

（7）监管机构

制定项目标准和规定的政府或行业机构。

（8）社区

项目所在的当地社区可能会受到项目活动的影响。

（9）员工

项目成果可能对其产生影响的组织内部员工。

（10）投资者和股东

对组织的绩效有经济利益的个人或团体。

（11）合作伙伴和协作者

与项目成功有利害关系的其他组织或群体。

每个利益相关者群体都可能对项目产生不同的期望和影响，因此，需要合适的参与和沟通策略，而有效识别和管理利益相关者是项目成功的关键。综上所述，在项目管理中确保利益相关者的满意度对项目的成功至关重要。利益相关者满意度是指项目成果满足所有利益相关者需求、期望和目标的程度。以下将介绍利益相关者满意度的重要性以及如何提高利益相关者的满意度。

2. 利益相关者满意度的重要性

（1）项目成功

利益相关者的满意度往往决定了项目的成功与否。一个项目是否成功，不仅要看它是否达到了时间、成本和质量目标，还要看它能否让利益相关者满意。

（2）声誉和信任

高满意度可以提高组织和项目团队的声誉，为今后的项目建立信任。

（3）持续改进

利益相关者的反馈可促使项目流程、产品和服务的不断改进。

(4) 减少冲突

通过了解和管理利益相关者的期望，可以最大限度地减少冲突，从而营造更加和谐的项目环境。

(5) 增加支持

利益相关者的满意度决定其是否有可能支持当前和未来的项目并提供必要的资源、批准和资金。

3. 如何提高利益相关者的满意度

(1) 确定利益相关者

确定项目的所有利益相关者，这包括任何与项目有关或受项目成果影响的人。

(2) 了解期望

确定利益相关者后，可通过直接沟通、调查或会议的方式了解他们的期望、需求和关注点。

(3) 定期参与

通过会议和反馈等方式定期与利益相关者交流，这有助于让他们了解并参与项目。

(4) 管理预期

制定和管理切合实际的期望非常重要。这可能涉及对优先级、进度表和可交付成果进行协商，以便与期望的成果保持一致。

(5) 实现价值

归根结底，注重质量，满足利益相关者的需求，按照利益相关者的期望为其提供价值并令其满意才是项目成功完成的关键。

(6) 反馈和调整

项目成功的关键是如何更好地满足利益相关者的需求。定期收集反馈意见，并做好调整计划和战略的准备，可以最大限度地提高利益相关者的满意度，从而更利于使项目取得成功。

2.2.4 WBS

WBS 将团队的工作组织成易于管理的部分。它是对项目团队完成项目目标和创建所需交付成果而开展全部工作范围的分层分解。WBS 的目的是明确工作内容，但当涉及前面的工作时，就会出现信息匮乏、工作内容不明确的情况。在这种情况下，即使强行拆解不明确的工作，在实际工作时也会出现很大的漏洞。因此，如果有不明确的任务，应在前一阶段进行计划并逐步将其细化。

1. 如何创建项目范围

要制定 WBS，明确项目范围是非常关键的。因此，首先要说明如何创建项目范围，具体方法如下：

(1) 启动项目范围说明

该文件应阐明项目目标、可交付成果和所需的主要工作。它可作为所有项目决策的参考，为管理利益相关者的期望提供助力。

(2) 收集需求

以访谈、调查和分析的形式从利益相关者那里收集他们对项目的期望信息，全面了解他们的需求和要求。

(3) 定义具体交付成果

根据收集到的需求，明确项目需要交付的成果，所定义的交付成果应详细、明确，避免含糊不清。

(4) 制定 WBS

将项目可交付成果分解为更小、更易于管理的组成部分。WBS 通过表示当前已批准的项目范围说明中指定的工作，帮助组织和定义项目的总范围。

(5) 确定范围界限

明确定义什么在项目范围内，什么在项目范围外，这有助于防止范围蠕变。

(6) 验证范围

让利益相关者参与进来且令他们对定义的范围达成一致。这种验证可确保范围符合他们的需求和期望。

(7) 范围管理计划

制订项目计划，概述如何定义、验证和控制项目范围。同时，计划应包括管理范围变更的流程。

有效地构建和管理项目范围需要持续的关注和调整，范围蠕变可能是一个重大挑战。尽量不要在没有增加资源、时间和预算的情况下为项目增加额外的特性或功能。谨慎管理这些变更对项目的成功至关重要。

2. 如何创建 WBS

WBS 将工作分解成的最小单位称为工作包，它是制订进度计划的基础。将工作包进一步分解为活动，以估算所需资源和时间。

接下来，将演示如何创建 WBS，具体如下。

(1) 确定项目范围

首先要清楚地了解项目范围，包括项目目标、交付成果和关键节点。

(2) 确定主要交付成果

将项目范围分解为主要交付成果或主要项目组成部分。这些是要完成工作的高级分组。

(3) 将可交付成果分解为更小的组成部分

进一步将这些可交付成果细分成更小、更易管理的部分。这些组成部分应尽可能详细，以便进行有效的规划和控制。

(4) 使用 100% 规则

确保 WBS 包括项目范围所定义的 100% 的工作。每一级分解都应包含所有工作，并且只包含完成其上一级可交付成果所需的工作。

(5) 分配唯一标识符

为 WBS 中的每个元素分配唯一标识（如代码或编号），这有助于跟踪和参考特定的组成部分。

(6) 让团队参与

让项目团队参与 WBS 的开发，利用他们的专业知识，确保工作得到详细分解。

(7) 使其可衡量

确保 WBS 的每个组成部分都有明确的定义,以便估算工期、成本和所需资源。

(8) 审查和完善

定期审查 WBS 的完整性和准确性,并随着项目进展和需求的变化进行更新。WBS 通常以树形结构、大纲或表格的形式呈现,结构合理的 WBS 有助于准确地进行项目规划、资源分配、责任分配、监控和项目控制。

另外,有一些关于 WBS 开发的提示需要强调,如下所示。

提示 1:为每类项目创建一个 WBS 标准,而不是为每个项目重新创建 WBS。

提示 2:相同的项目不要每次都创建一个新的 WBS 标准,这样会增加工作中出现遗漏的风险。

提示 3:为每类项目创建一个标准的 WBS,这样 WBS 将得到完善,未来创建 WBS 所需的时间也将缩短。

提示 4:分解实现目标所需的所有工作,并将其结构化、可视化。

项目计划应以 WBS 为基础,一个好的 WBS 可对项目成功产生重大影响。这里我们来看一个简单的项目 WBS 示例,主要是组织一次专业会议。

第 1 级:项目名称

组织一次专业会议。

第 2 级:主要成果

1)场地安排;

2)演讲者和日程安排;

3)注册和参会者管理;

4)营销与推广;

5)赞助与财务;

6)会后活动。

第 3 级:主要交付成果的细分(如场地安排)

(1) 场地研究与选择

1)确定潜在场地;

2)根据标准(成本、地点、容量)评估场地;

3)选择场地。

(2) 合同谈判和签署

1)谈判条款和条件;

2)与场地签订合同。

(3) 场地布置

1)安排座位;

2)设置视听设备;

3)计划餐饮。

第 4 级:进一步分解组件(如设置视听设备)

1)确定视听要求;

2)聘请视听供应商;

3）在活动前测试视听设备。

本例展示了如何使用 WBS 方法将工作分解成最小单位以及再分解到具体任务的流程。WBS 的每个层次都使项目的范围更易于管理，也可让所有的利益相关者更加清晰地了解项目进程。

2.2.5 CPM

CPM 是项目管理中的一项重要技术，用于通过确定项目中最耗时的路径来获取完成项目的最短时间，并明确沿途的关键任务和活动。以下是关键路径法的概念和过程。

首先，CPM 是一个术语，指的是在项目中花费最多时间的路径。一旦了解工作计划的关键路径，就可以明确哪些任务应该优先考虑以及如何灵活应对日程安排的变动。

以下是关键路径法的实施步骤。

1. 列出任务清单

列出项目所需的所有任务，并对任务进行分类和结构化。具体来说，它将主要类别和它们下面的任务划分为子类别。

2. 理解任务关系

使用 WBS 逐步组织任务，理解任务之间的关系，判断它们是否能独立完成或并行完成。

3. 计划评审技术（PERT）图创建

基于 WBS 创建计划评审技术（PERT）图。PERT 图通过图形化的方式，用圆圈、正方形等符号代表项目任务，并用线条连接它们，以识别流程和关系。图 2-8 提供了一个 PERT 图的示例，展示了如何将任务完成顺序以网络图的形式进行可视化。

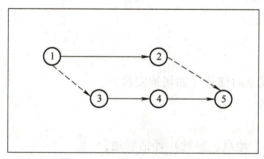

图 2-8　PERT 图的示例展示

4. 任务时间估计

在完成 PERT 图并确定任务之间的流程和关系后，估计完成每项任务所需的天数和流程数。

5. 关键路径识别

估计任务所需时间后，确定项目的关键路径。关键路径是完成任务所需最长时间的路径，由 PERT 图进行估计。关键路径可以是两条或多条（并不总有一条最长路径），如果每个步骤都一个个地添加，获取关键路径将更为便捷。

在图 2-9 中，输入了图 2-8 中估计的天数。在此图中，关键路径为 1→3→4→5。

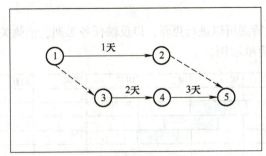

图 2-9 包含估计天数的 PERT 图示例

6. 计算浮动时间

确定关键路径后，计算每项任务的浮动时间。浮动时间指任务延迟不会影响项目整体完成日期的最大时间范围。通过计算浮动时间，可以了解任务延迟对项目进度的影响，以及可以承受的延迟范围。

关键路径法不仅可以帮助大家识别项目中的关键任务，还提供了一种方法来评估任务的灵活性和子任务对整体进度的影响，有助于更有效地管理项目时间和资源。

2.2.6 甘特图

甘特（Gantt）图是一种常用的项目管理工具，用于安排和跟踪项目任务。它为项目的开始和结束日期提供了一个可视化的时间表。下面介绍如何描述甘特图。

1. 基于时间线

一个水平条形图，表示项目的时间轴。

2. 任务列表

图表左侧列出项目任务或活动。这些任务通常以 WBS 的形式进行组织。

3. 时间间隔

图表顶部根据项目长度显示时间间隔（可以是天、周、月或季度）。

4. 条形图

每项任务或活动都用一个条形图表示。条形图的位置和长度反映了任务的开始日期、持续时间和结束日期。

5. 依赖关系

有些甘特图会显示任务之间的依赖关系，表明在前一项任务完成之前不能开始另一项任务。

6. 进度指示

它们通常包括一种可以显示每项任务进度的方法，例如，使用不同的颜色标记子任务或者在原始任务栏上叠加一个辅助栏等方式。

7. 里程碑

重要日期或里程碑有时会用符号或不同颜色标出。

8. 资源信息

更复杂的甘特图还可以包含分配给每个任务的资源或人员信息。

9. 可调整

随着项目的进展，甘特图可以进行更新，以反映任务工期、依赖关系和截止日期的变化。图 2-10 为甘特图的简单示例。

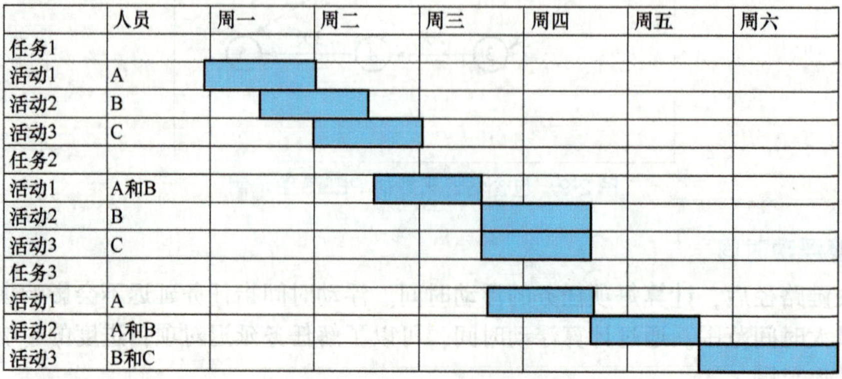

	人员	周一	周二	周三	周四	周五	周六
任务1							
活动1	A						
活动2	B						
活动3	C						
任务2							
活动1	A和B						
活动2	B						
活动3	C						
任务3							
活动1	A						
活动2	A和B						
活动3	B和C						

图 2-10　甘特图的简单示例

甘特图可以有效地规划和安排对任务顺序和时间安排至关重要的项目，传达需要完成的工作以及根据计划跟踪进展情况。

2.3　团队建设

项目管理中的团队建设包括创建一个有凝聚力、高效的团队，使其能够共同实现项目目标。团队建设包含营造协作环境、确保清晰的沟通，以及使团队成员的技能和努力与项目目标保持一致。项目经理和团队成员应了解团队动力的重要性、建立和维护高效团队的过程，以及良好的团队建设对项目成功的影响。

2.3.1　团队建设的目的和团队活力

项目管理中团队建设的目的是多方面的，不仅要加强团队成员之间的人际关系，还要提高团队在实现项目目标方面的整体表现和效率。

1. 团队建设的目的

（1）加强沟通

旨在促进团队成员之间的有效沟通，使他们能够以建设性的方式分享想法、提供反馈、互帮互助。

（2）增强凝聚力

通过营造一种团结和积极的工作环境，帮助团队成员感受到彼此间更紧密的联系，从而增强学习氛围。

（3）建立信任

团队成员之间的相互信任是团队合作的重要组成部分。团队建设活动鼓励团队成员之间相互信任，并展示每个成员的能力、可靠性和对团队的责任感。

（4）鼓励协作

团队建设活动通常要求成员合作解决问题或实现目标，突出合作价值的同时，展示如何将不同的技能和观点结合起来，从而找到创新的解决方案。

（5）发现并利用优势

团队建设有助于发现每个团队成员的优势和劣势，从而更有战略性地分配任务。

（6）解决冲突

团队建设为处理和解决人际冲突和紧张关系提供了一个中立的环境，能帮助团队成员找到共同点，学习冲突的解决策略。

（7）提高士气和动力

参加团队建设活动可以为团队成员注入新的活力，增强他们为项目做出积极贡献的动力（尤其是在具有挑战性的阶段）。

（8）培养领导技能

团队建设有助于发现潜在的领导者，并为成员提供在支持性环境中锻炼和发展领导与决策技能的机会。

（9）提高解决问题的技能

团队建设活动旨在提高团队成员的批判性思维和创造性思维，以解决复杂的问题，这可以转化为在项目环境中更有效地解决问题的能力。

（10）统一目标和目的

团队建设是确保团队目标一致并致力于项目成功的关键要素。其核心目的是构建凝聚力强、效率高、动力足的团队，以协同应对项目挑战，并取得卓越成果。团队建设活动可以提升团队凝聚力，为项目实施提供保障。

接下来，我们将讨论团队活力。项目管理中的团队活力是指团队成员在项目中的行为关系和过程。它包括个人之间如何互动、沟通、决策、解决问题以及为实现项目目标而相互协作。团队活力会极大地影响项目的效率、生产力、士气和整体成功程度。

2. 决定团队活力的几个关键因素

（1）角色和职责

明确每个成员的角色和对他们的期望，这有助于防止混淆和重叠，使团队工作更加顺畅。

（2）沟通模式

团队成员的沟通方式，无论是在频率上还是在质量上都会影响团队协调工作、共享信息和解决冲突的能力。

（3）领导风格

领导团队的风格会影响团队的活力。领导风格多种多样，每种风格都会对团队的决策过程、自主性和积极性产生不同的影响。

（4）信任和尊重

团队成员之间的信任以及对彼此能力和贡献的尊重是开展有效合作和营造积极工作环境的关键。

（5）解决冲突

处理冲突的方式对团队活力至关重要。解决冲突可增强团队活力，而未解决冲突会削弱团队活力。领导者应重视冲突管理，化解矛盾，维护团队和谐。

（6）团队凝聚力

团队成员的团结意识和对完成团队目标的责任感，可以促使他们有效合作，克服挑战，相互支持。

（7）多样性和包容性

团队通常由具有不同背景、观点和技能的个人组成。如何处理这些差异——是利用他们发挥创造力和创新力，还是忽略他们导致误解——会影响团队的活力。

（8）激励士气

团队成员的整体热情和满意度会影响他们的表现、参与度以及为团队工作做出贡献的意愿。

（9）适应性

团队对项目范围、时间安排或意外挑战等变化的适应能力，反映了团队的应变能力和灵活性，这是团队活力的重要方面。

要改善团队活力，就要积极管理这些因素，创造一个促进积极互动、有效协作的环境。改善的方法包括团队建设活动、定期沟通、冲突解决培训以及培养反馈和持续改进等。通过关注健康的团队动态，项目经理可以提高团队的生产力、创新力和整体项目成功率。

2.3.2 团队建设的理论基础

关于团队建设有多种理论研究，这里介绍两种团队建设理论。一种是塔克曼团队发展模式，另一种是贝尔宾的团队角色。这两种理论都是关于团队工作和协作心理学方面的讨论。

塔克曼团队发展模型由美国心理学家布鲁斯·塔克曼于 1965 年提出，描述了团队发展和成熟所经历的各个阶段，是一个广受认可的团队发展模式框架。塔克曼最初确定了 4 个阶段——形成（Forming）、风暴（Storming）、规范（Norming）和执行（Performing），后来在玛丽·安·詹森的帮助下，塔克曼 1977 年增加了第 5 个阶段——休会（Adjourning）。该模型概述了团队建设的过程，对于了解项目管理中的团队动态非常有用。以下是每个阶段的简要概述。

1. 形成

在这一初始阶段，介绍团队成员，令他们了解项目及其在项目中的角色。这一阶段的特点是成员会处于不确定性和焦虑的状态，因为成员们仍在摸索自己在团队中的位置。在这一阶段，领导通常以指令性的方式指导团队。

2. 风暴

一旦团队成员开始坚持自己的想法和观点，就可能出现冲突和竞争，从而进入"风暴"阶段。这一阶段对团队的成长至关重要，但由于团队成员工作风格和性格上的差异，可能会有争议。在这个阶段，清晰的沟通和冲突解决策略至关重要。

3. 规范

在经历了风暴阶段后，团队开始建立规范和标准。在团队目标和项目宗旨方面，合作和共识增多，团队成员之间开始相互信任，并将集体成功看得比个人成就更重要。

4. 执行

在这一阶段，团队作为一个有凝聚力的单位发挥作用。他们有能力在没有监督的情况下处理决策过程。在这一阶段，团队的精力都集中在实现项目目标上，表现出很高的水平。

5. 体会

这是项目结束时的最后阶段。团队解散后成员可能会有一种失落感。休会阶段的重点是结束活动、记录经验教训和庆祝项目的成功。这是对团队和个人贡献进行反思和肯定的时刻。

塔克曼团队发展模型为团队如何发展提供了一种通用的模型，并强调了有效领导和沟通在每个阶段的重要性。认识团队所处的阶段可以帮助项目经理采用适当的策略来应对挑战、增强团队凝聚力并提高项目绩效。

贝尔宾团队角色模型是英国的梅雷迪斯·贝尔宾博士于20世纪70年代末根据他在亨利商学院的研究成果开发的。该模型确定了团队中个人可以承担的9种角色，以提高团队绩效，促进团队成员间的有效协作。这些角色分为3类：行动导向型角色、人员导向型角色和思想导向型角色。每种角色都有特定的优势和可接受的劣势，这些优势和劣势有助于整个团队的成功。

第1类为行动导向型角色，主要包括：

（1）塑造者（SH）

充满活力，喜欢挑战。他们有克服困难的动力和勇气。

（2）执行者（IMP）

务实、可靠、高效。他们将想法转化为可执行的任务，并组织需要完成的工作。

（3）完成者（CF）

完美主义者，确保以最高标准完成项目。他们注重细节，遵守最后期限。

第2类是人员导向型角色，主要包括：

（1）协调员（CO）

担任主席。他们指导团队实现他们认可的目标，并充分利用团队资源。

（2）团队工作者（TW）

提供支持与合作，加强沟通，促进团队和谐。

（3）资源调查员（RI）

外向、热情，善于发掘对团队有帮助的机会并建立联系。

第3类是思想导向型角色，主要包括：

（1）对象（PL）

富有创造力和想象力，善于用非常规的方式解决问题。

（2）监测评估员（ME）

头脑清醒，具有战略眼光和辨别能力。他们会考虑所有选项，并做出准确判断。

（3）专家（SP）

为团队带来某一关键领域的深厚知识。他们对自己在该领域的技能和能力引以为豪。

贝尔宾的团队角色模型可较好地用于团队建设和发展，帮助管理者和团队成员了解彼此的天赋和优势，从而更有效地管理团队动态。在保持团队内部平衡的同时，充分利用各成员的优势，可以有效提升团队绩效，优化决策过程，从而增加项目成功的概率。此外，该模式亦指出，个体在团队中通常会根据具体情况和团队需求，扮演多重角色。对团队中各种角色的深入了解和培养，可以显著提高团队协作效率，进而推动项目的成功实施。

2.3.3 团队建设策略

团队建设策略是指通过一系列旨在加强团队成员之间关系和沟通的活动、流程和举措，有计划地提高团队绩效、凝聚力和效率。其总体目标是创建一个更有凝聚力、更有动力、更有效率的团队，使其能够应对各种挑战，开展更有效的合作，并更好地实现共同目标。团队建设策略的主要组成部分包括以下几个方面。

1. 设定目标

   明确界定团队建设工作的目标和预期成果，如改善沟通、增强信任或提高生产率。

2. 了解团队动态

   分析团队互动的现状、优势、劣势和需要改进的地方，从而有效地定制策略。

3. 定制活动和练习

   针对团队的具体需求，开展有针对性的活动。这些活动可以是解决问题的任务和研讨会，也可以是社交活动和务虚会，所有这些活动都旨在增强团队凝聚力，促进技能发展。

4. 定期沟通

   建立开放、有效的沟通渠道，让团队成员感受到自己受到重视并被倾听。这包括定期召开团队会议、一对一检查和使用协作工具。

5. 反馈与认可

   创建一种以建设性的方式给予和接受反馈的文化，并对团队成员的成就给予认可和表扬，从而提高士气，并鼓励拥有高绩效的成员。

6. 持续学习与发展

   提供专业成长和技能提高的机会，使团队成员和整个团队都能从中受益。

7. 监测与评估

   定期评估团队建设活动对团队绩效的影响，并在必要时做出调整，以确保不断改进。

8. 促进多样性和包容性

   确保团队建设策略，尊重并利用团队所有成员的不同背景、观点和才能，营造一个人人都能茁壮成长的包容性环境。

   成功的团队建设策略不是一劳永逸的，而是一个随着团队需求不断发展的持续过程。它需要所有团队成员和领导层做出努力，这样才能取得成效，共同为组织的整体成功做出贡献。

2.3.4 团队建设活动及其应用

团队建设活动是一种旨在强化社会联系和明确团队角色的练习或活动，通常包含协作任务。此类活动旨在改善沟通、提升生产效率和培养积极的工作文化，以助力团队实现更为高效的协同工作。团队建设活动的应用广泛而灵活，可根据组织的具体目标和团队的实际需求进行定制。

下面介绍几种常见的团队建设活动，项目经理要考虑在项目活动中何时以及如何应用这些活动。

1. 破冰行动

   在团队组建或会议开始时使用，帮助成员更好地相互了解，打破隔阂，营造更加开放的沟通氛围。

2. 沟通练习

旨在提高语言和非语言沟通技巧,确保团队成员能够有效地表达想法,倾听他人意见和消除误解。

3. 解决问题和决策活动

旨在提高团队的批判性思维能力、协作解决问题的能力以及高效决策的能力,这些能力对于项目管理和危机解决至关重要。

4. 建立信任练习

重点是建立团队成员之间的信任,这对协作、解决冲突和营造支持性工作环境至关重要。

5. 讲习班和专业发展

为团队成员提供与其工作相关的特定技能培训,如领导力、技术技能或项目管理,从而提高团队的整体能力和效率。

6. 体能挑战

户外团队建设活动或体能挑战可以在更轻松的环境中培养团队精神、领导力和沟通能力,同时还能促进身体健康和缓解压力。

7. 文化和社交活动

组织社交活动、文化郊游、体育运动、户外拓展等活动,以加强团队成员在工作之外的关系,增强团队凝聚力和员工满意度。

8. 意见反馈和反思

鼓励公开讨论团队的动态、挑战和成功之处。召开反思会议将有助于确定需要改进的地方、设定目标和肯定成绩。

9. 创意和创新游戏

让团队成员参与头脑风暴会议、创意生成活动或创新研讨会,激发团队成员的创造力和创新思维,从而形成新的解决方案和产品。

10. 明确角色

帮助团队成员更清楚地了解自己的角色和职责,以及自己的工作如何促进团队目标的实现,从而提高效率,减少角色冲突。

团队建设活动的有效性取决于活动是否符合团队和组织的目标,所有成员是否积极参与以及是否将学到的经验教训融入日常工作实践。

2.3.5 团队建设中的冲突管理

团队建设中的冲突管理涉及以建设性的方式认识、解决和处理团队内部的分歧,并提高团队的凝聚力和效率。这是团队活力的一个重要方面,尤其是在项目管理中,不同人的想法、技能和个性汇聚在一起,以实现共同的目标。有效的冲突管理不但不会阻碍团队的进步,反而有助于团队的发展和成功。以下是团队建设中冲突管理的关键要素和策略。

1. 尽早发现冲突

识别冲突的早期迹象可以在问题升级之前及时干预。这包括关注团队动态、沟通模式以及团队成员之间的任何沮丧或不满迹象。

2. 了解冲突的性质
冲突的起因多种多样，包括意见分歧、性格、工作风格或资源竞争。了解冲突的根源对于有效解决冲突至关重要。

3. 鼓励开放式沟通
营造一种文化氛围，让团队成员能够放心地表达自己的想法、感受和担忧，不必担心产生偏见。开诚布公地沟通对于解决冲突至关重要。

4. 积极倾听
鼓励冲突各方进行积极倾听，即全神贯注地倾听对方在说什么，而不仅仅是被动地聆听。这有助于确保所有观点都得到理解和考虑。

5. 培养同理心和理解力
促进团队成员之间的换位思考，可以帮助他们理解不同的观点，减少可能引发冲突的个人偏见。

6. 使用适当的冲突解决技巧
根据冲突的性质，可以采用不同的策略，如谈判、调解或建立共识。在可能的情况下，所选择的方法应以双赢为目标，解决所有相关方的需求和关注点。

7. 制定解决冲突的指导方针
就如何处理团队内部的冲突制定并传达明确的指导方针，可以包括冲突升级的步骤、如何沟通分歧以及团队成员在争议期间的预期行为。

8. 建立信任和尊重
团队成员之间相互信任和尊重的基础可以大大减少冲突的发生，且在出现分歧时更容易解决。

9. 提供培训和资源
通过培训课程或研讨会，让团队成员掌握解决冲突的技能。这将增强他们处理冲突的能力。

10. 从冲突中反思和学习
冲突解决后，花时间反思冲突的过程和结果。这可以为改进今后的冲突管理实践和增强团队活力提供宝贵的经验。

团队建设中有效的冲突管理不仅能解决眼前的分歧，还能增强团队的复原力、适应力和凝聚力。通过建设性地管理冲突，团队可以利用不同的观点和经验来促进创新，取得卓越的项目成果。

2.3.6 团队建设中的责任

团队建设中的责任是指团队成员对团队及其既定目标的献身与忠诚，这是任何项目取得成功的核心要素。具备责任感的团队成员更能挑战自我，并为营造积极向上的团队氛围贡献力量。在团队中培养成员责任感，必须注重培养成员的归属感，确立共同目标，并促进团队成员之间的相互尊重。在团队建设中建立和加强责任感的策略主要包括：

1. 制定明确的目标

   确保每个团队成员都了解团队的目标,以及他们的工作如何助力实现这些目标。这种明确性有助于个人的努力与团队的目标保持一致。

2. 创建共同愿景

   让团队成员参与创建项目的共同愿景。如果每个人都觉得自己为愿景做出了贡献,那么他们就更有可能致力于实现愿景。

3. 促进开放式交流

   鼓励团队内部进行开诚布公的交流,包括共享信息、提供建设性反馈、公开表达关切和期望。

4. 促进包容和参与

   确保所有团队成员都有机会贡献自己的想法和技能,让成员感受到被重视和被倾听,这会增强其对团队及目标的责任感。

5. 认可和奖励贡献

   承认个人和团队的成就。表彰的形式可以是表扬、奖励或对贡献的公开表彰,这可以极大地增强责任感和团队氛围。

6. 提供成长机会

   为团队成员提供个人和职业发展机会。当个人看到成长和学习的道路时,他们对团队和组织的责任感就会增加。

7. 建立信任和尊重

   营造一种信任和尊重至上的环境。信任是通过一致性、可靠性和公平性建立起来的,而尊重则包括重视彼此的意见和差异。

8. 鼓励团队团结

   促进团队建设活动,帮助成员在个人层面上相互了解。加强团队成员之间的个人联系,从而增强他们对彼此和团队目标的责任感。

9. 支持工作与生活的平衡

   通过支持工作与生活的平衡,展示对团队成员的责任。当团队成员在个人生活中感受到支持时,他们就更有可能全身心地投入工作。

10. 以身作则

    团队领导应展示自己对团队目标和价值观的责任感。领导的责任感会激励团队成员表现出同样的奉献精神。

11. 解决冲突

    高效解决冲突,确保团队环境和谐。在这样的氛围中,问题可以得到公平解决,从而推动成员承担更大责任。

建立责任感需要关注成员需求,通过策略培养奉献精神和团队凝聚力,助力目标达成和项目成功。

2.3.7 团队建设中的沟通

团队建设中的沟通是团队成员之间分享信息、想法和情感的过程,沟通能确保团队成员之间的有效合作，从而实现共同的目标。它不仅包括口头交流，还包括非语言暗示、书面交流和数字互动。有效的沟通对任何团队的成功都至关重要，因为它能促进理解、信任和协调。以下是在团队建设中加强沟通的方法。

1. 建立开放的沟通渠道

　　确保团队成员之间有多种便捷的沟通渠道，包括会议、电子邮件、即时信息和项目管理工具。这种多样性允许团队成员根据情况选择最有效的渠道。

2. 鼓励积极倾听

　　提倡积极倾听的做法，即团队成员全神贯注地倾听发言者的讲话，确认他们的信息，提出明确的问题，并提供反馈。这有助于减少误解，培养尊重他人的习惯。

3. 设定明确的沟通期望

　　确定并传达对团队成员沟通方式的期望，包括响应速度、不同类型信息的首选渠道以及尊重他人的沟通准则。

4. 提供定期更新和反馈

　　定期更新项目进展情况并提供建设性反馈，这有助于让每个人都了解情况并与项目目标保持一致。反馈会议的结构应具有建设性，既要关注优点，也要关注需要改进的地方。

5. 培养开放和信任的文化

　　鼓励营造一种环境，让团队成员能够安全地表达自己的想法、担忧和反馈，而不必担心受到评判或报复。信任的环境能促进开放式交流与合作。

6. 开展团队建设活动

　　参与旨在提高沟通技巧的团队建设活动，如问题解决挑战、角色扮演练习和研讨会。这些活动也有助于打破障碍，改善人际关系。

7. 有效利用工具

　　有效利用通信和协作工具，促进团队成员之间的无缝沟通，尤其是在远程或分布式团队中。确保每个人都接受过如何高效使用这些工具的培训。

8. 明确角色和职责

　　明确每个团队成员的角色和职责，这有助于更有效地指导沟通，确保信息传递给正确的人。

9. 鼓励面对面交流

　　在可能的情况下，鼓励面对面地互动，因为这种互动能更有效地建立关系，确保清晰的理解，尤其是在复杂或敏感的讨论中。

10. 练习换位思考和情商

　　鼓励团队成员练习换位思考、提高情商，理解和尊重彼此的观点和情感，从而提高团队互动和沟通的质量。

11. 召开有效的会议

　　确保会议计划周密、议程明确、平等参与。有效的会议是团队有效沟通的基石。

12. 培训和发展沟通技能

　　提供培训和发展机会，提高团队成员的沟通技能，包括举办关于积极倾听、非语言沟通和自信沟通的讲习班。

在团队建设中加强沟通需要坚持不懈的努力和积极主动的方法，以消除障碍，营造开放、相互尊重和有效沟通的环境。通过实施这些策略，团队可以提高协作、效率和整体绩效。

2.3.8 团队建设中的项目知识管理

团队建设中的项目知识管理涉及系统地收集、共享和管理与项目相关的知识，以提高团队绩效和决策水平。这是为了确保有效获取有价值的信息、见解和经验，并在需要时供所有团队成员使用。这一过程有助于建立一个知识丰富的环境，从而支持团队内部的持续学习和进步。下面介绍如何在团队建设中实施项目知识管理。

1. 确定知识需求

首先要确定团队的具体知识需求。了解对项目成功至关重要的信息、技能和专业知识类型。

2. 获取知识

开发一个系统，用于获取项目实施过程中产生的知识，包括记录流程、经验教训、最佳实践以及项目生命周期中出现的创新解决方案。

3. 创建知识库

建立一个集中的知识库，存储所有与项目相关的文件、数据和见解。这可以是一个数字平台，如内联网网站、项目管理工具或基于云的文档管理系统，通过这个平台，团队成员可以轻松访问并分享知识。

4. 鼓励知识共享

培养一种鼓励和奖励团队成员分享知识的文化。可以通过定期会议、研讨会、汇报会和非正式的知识共享会议来促进知识共享。

5. 利用技术和协作工具

利用技术和协作工具促进知识共享，例如，维基、论坛和项目管理软件等工具都有助于传播信息、促进讨论。

6. 实施知识转移实践

确保知识转移流程到位，尤其是在团队成员离职或新成员加入项目时。交接文件、培训课程和指导是转移知识的有效方法。

7. 促进持续学习

鼓励团队成员寻求与项目相关的持续学习机会，如参加研讨会、会议、网络研讨会或参加在线课程，从而为团队增加有价值的知识。

8. 定期审查和更新知识

确保定期审查和更新知识库，以保持信息的相关性和实用性。将维护知识库质量和准确性的责任分配给特定的团队成员。

9. 利用专家网络

与组织内外的专家建立联系，他们能在需要时提供有价值的见解和建议。这一网络可以成为团队专业知识的重要来源。

10. 衡量影响

评估知识管理实践对团队绩效和项目成果的影响。利用反馈和绩效数据，不断改进知识管理策略。

有效的项目知识管理有助于最大限度地减少重复劳动，加快决策速度，增强团队能力，并改善整体项目成果。通过系统地管理知识，团队可以利用集体智慧更有效地应对挑战，实现项目目标。

2.4　Agile 项目管理简介

在科技发展迅速、市场需求瞬息万变、项目复杂度持续增长的背景下，传统的项目管理方法显得力不从心，难以满足对速度、灵活性和客户中心三个方面的需求。Agile 管理模式的出现，重新塑造了企业的项目管理、产品开发和团队协作方式。起源于软件开发领域的 Agile 运动，旨在突破传统项目管理方法的局限，如 Waterfall 模型僵化、线性的问题等。自 2001 年《敏捷软件开发宣言》以下简称（《Agile 宣言》）发布以来，Agile 管理方法不仅应用于软件开发，而且为各行业提供了宝贵的见解和实践，帮助它们适应日益复杂的商业环境。

2.4.1　Agile 管理方法的历史与演变

Agile 管理方法的历史和演变，是一个从特定的、解决问题的软件开发实践发展到适用于各行各业和各种项目类型的过程。

图 2-11 展示了"Agile"一词出现之前的方法论，这些方法和实践为后来的 Agile 方法奠定了基础。

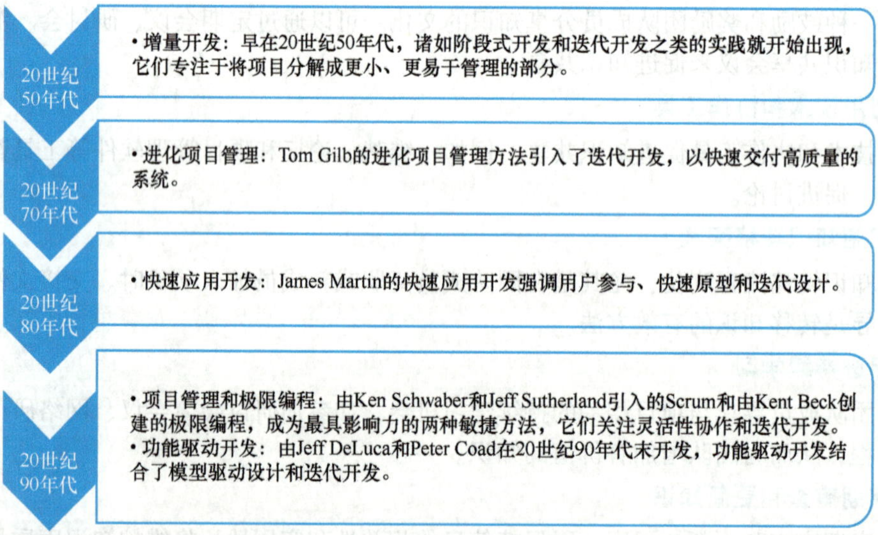

20世纪50年代	·增量开发：早在20世纪50年代，诸如阶段式开发和迭代开发之类的实践就开始出现，它们专注于将项目分解成更小、更易于管理的部分。
20世纪70年代	·进化项目管理：Tom Gilb的进化项目管理方法引入了迭代开发，以快速交付高质量的系统。
20世纪80年代	·快速应用开发：James Martin的快速应用开发强调用户参与、快速原型和迭代设计。
20世纪90年代	·项目管理和极限编程：由Ken Schwaber和Jeff Sutherland引入的Scrum和由Kent Beck创建的极限编程，成为最具影响力的两种敏捷方法，它们关注灵活性协作和迭代开发。 ·功能驱动开发：由Jeff DeLuca和Peter Coad在20世纪90年代末开发，功能驱动开发结合了模型驱动设计和迭代开发。

图 2-11　Agile 时代之前的方法论

在经历了早期的方法论后，Agile 管理方法于 2001 年因《Agile 宣言》的发表而正式完善。17 名软件开发人员在犹他州的雪鸟召开会议，讨论轻量级开发方法。他们发表了《Agile 宣言》，阐述了旨在指导软件开发流程的四项核心价值和十二条原则。

宣言发表后，Agile 运动势头迅猛，各种 Agile 管理方法也随之发展和完善，如图 2-12 所示。虽然动态系统开发方法（dynamic systems development method，DSDM）在宣言发布之前就已经存在，但后来又进行了调整，以适应 Agile 框架，DSDM 强调以及时、经济高效的方式交付项目。

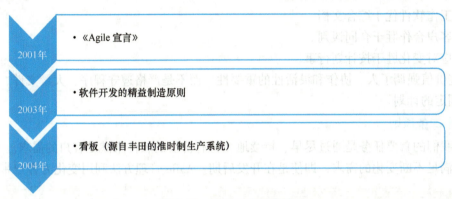

图 2-12　Agile 方法的起点

2003 年，Mary 和 Tom Poppendieck 将精益制造原则应用于软件开发，引入了消除浪费和扩大学习等概念。2004 年，由 David J. Anderson 提出看板，它侧重于可视化管理和流程。

随着 Agile 管理方法的普及，企业面临如何将其原则大规模应用于实际工作中的挑战。为了应对这些挑战，业界开发了一系列框架，其中包括扩展 Agile 框架（SAFe），它是一个集成了多种模式知识库的框架，专门用于企业级精益 Agile 开发。此外，还有大规模 Scrum（LeSS），这是对 Scrum 原则进行调整后，专门为大型多团队项目设计的框架。同时，规范 Agile 交付（DAD）也是一个重要的工具，它作为一个流程决策框架，有助于简化解决方案的流程决策。最后，Scrum of Scrums 技术则通过协调多个 Scrum 团队在同一项目上的工作，将 Scrum 的应用范围从单个团队扩展至更广泛的层面。这些框架和技术的出现，为企业在大规模应用 Agile 原则时提供了有力的支持和指导。

事实证明，Agile 的原则不仅适用于软件开发，还影响着项目管理、产品开发以及制造、医疗保健和教育等各行各业的企业变革。随后，Agile 方法不断发展，以应对新的挑战，并将技术和管理思想的进步融入其中。现在，Agile 管理方法包括对 DevOps 的关注，以改善开发和运营之间的协作，并强调用户体验（UX），以确保产品满足用户需求。

Agile 管理方法的历史展示了从软件开发实践到强调适应性、客户满意度和持续改进的综合理念的动态演变。这一演变反映了项目复杂性的不断增加，以及各行各业对灵活、反应迅速的项目管理方法的需求。

2.4.2　Agile 清单

《Agile 宣言》是软件开发领域的开创性文件，概述了 Agile 软件开发方法的核心价值和原则。2001 年 2 月，17 名软件开发人员在犹他州的雪鸟度假村聚会，讨论轻量级开发方法。他们讨论的目的是在高效、灵活的软件开发方法上找到共同点，与当时流行的重量级、文档繁重的流程形成鲜明对比。《Agile 宣言》包括四项核心价值和十二条原则，强调适应性、客户协作以及在较短的迭代周期内交付高质量软件，以下是《Agile 宣言》的核心内容。

1. 四项核心价值

1）个人和互动胜于流程和工具。
2）工作软件优于综合文档。
3）客户合作胜于合同谈判。
4）应对变化胜于按计划行事。

这些价值强调了人、协作和灵活性的重要性，而不是严格遵守程序、大量文件、僵化的合同和固定的计划。

2. 十二条原则

1）我们的首要任务是通过尽早、持续地交付有价值的软件来满足客户的需求。
2）满足不断变化的需求，即使是在开发后期。Agile 管理方法利用变化为客户带来竞争优势。
3）高频交付工作软件，从几周到几个月不等，优先选择较短的时间。
4）在整个项目期间，业务人员和开发人员必须每天一起工作。
5）围绕积极主动的个人开展项目，为他们提供所需的环境和支持，并相信他们能够完成工作。
6）面对面交谈是向开发团队传递信息以及在团队内部传递信息的最高效、最有效的方法。
7）工作软件是衡量进展的主要标准。
8）Agile 方法促进可持续发展。发起人、开发人员和用户应能持续保持恒定的速度。
9）通过对卓越技术和良好设计的持续关注提高 Agile 的作用。
10）简洁，即最大限度地减少未完成工作的艺术，是至关重要的。
11）最好的架构、需求和设计来自自我组织的团队。
12）团队会定期反思如何提高效率，然后相应地调整自己的行为。

这些原则进一步扩展了价值观，强调客户满意度、灵活性、高频交付功能软件、协作和持续改进。

《Agile 宣言》对软件开发方法产生了深远的影响，促进了软件开发方法向更灵活、迭代式方法的转变，其原则已被 Scrum、Kanban 和 Extreme Programming（XP）等各种 Agile 方法采用和调整，并应用到软件开发以外的项目管理实践。

2.4.3 Agile 框架和方法

Agile 框架和方法是一套为软件开发而设计的原则和实践，强调灵活性、协作、客户反馈和迭代进展，主要方法包括 Scrum（迭代式增量软件开发过程）、Kanban（看板）、Lean（精益）和 Extreme Programming（XP，极限编程）等。Scrum 专注于通过短期冲刺实现预定目标，Kanban 强调在不给团队造成过重负担的情况下持续交付，而 Lean 则旨在通过消除浪费来优化效率。Agile 方法将适应变化、客户满意度和高频交付功能软件放在首位。

1. Scrum 方法

Scrum（迭代式增量软件开发过程）方法是一种流行的 Agile 方法，主要用于管理和完成复杂的项目。它将工作组织成名为 Sprint 的短期迭代周期，通常持续 2~4 周。Scrum 中的关键角色包括产品负责人、Scrum Master（敏捷专家）和开发团队。该框架强调定期计划、审查和回顾会议，以快速适应变化并不断改进。Scrum 利用特定的工件（如 Product Backlog（产品待办事项）、Sprint Backlog（迭代待办事项）和 Increment（增量））来跟踪进度，并确保团队成员之间清晰的沟通和协作。

2. Kanban 方法

Kanban（看板）方法是 Agile 管理的一部分，其重点是工作可视化、效率最大化和持续改进。它使用 Kanban，各栏代表工作流程的不同阶段，任务随着进度从左到右移动。主要原则包括：可视化工作、限制在制品（WIP）以防团队负担过重、管理流程以确保任务在流程中顺利进行、明确流程政策以及利用反馈的信息进行改进。Kanban 促进了对灵活性、透明度和持续交付的关注，同时又不会给团队成员带来过重的负担。

3. Lean 方法

Lean（精益）方法侧重于通过消除流程中的浪费，高效地为客户创造价值。它强调理解客户价值，绘制价值流以识别和消除不增值的活动，创建流程以确保顺利运营，建立系统以满足需求，并通过持续改进追求完美。精益方法旨在优化资源、缩短周期时间、提高整体质量，精益方法鼓励团队创新并适应不断变化的客户需求。

4. XP

XP（极限编程）是一种 Agile 方法，侧重于提高软件质量和对不断变化的客户需求的响应速度。它强调在较短的开发周期内频繁发布，从而提高生产率，并设置检查点以快速适应变化。主要实践包括结对编程、TDD（测试驱动开发）、持续集成、简单设计和重构。XP 鼓励团队内部的直接沟通、反馈和尊重，旨在生产更高质量的软件，更准确、更快速地满足客户需求。

2.4.4 Agile 管理中的 Scrum 框架

Scrum 框架是一种灵活且高效的敏捷开发方法，尤其适用于快速变化和需求不断演进的项目。下面将举例说明如何使用 Scrum 框架来开发一款手机，Scrum 的核心组成部分可分为角色、工件、事件和原则。其中，角色分配在 Scrum 框架中是至关重要的。

1. 角色

1）产品负责人。作为客户和利益相关者的代言人，产品负责人负责明确产品需求，定义产品积压，并根据价值进行优先级排序，确保团队能够优先开发最具价值的功能。

2）Scrum Master。作为 Scrum 流程的推动者和守护者，敏捷专家确保团队遵循 Scrum 的原则和实践，同时清除任何阻碍团队进展的障碍，为团队提供指导和支持。

3）开发团队。一个由多专业领域的成员组成的自我管理团队，他们共同协作，致力于在每个冲刺周期结束时交付高质量的产品增量。团队成员通常有 3~9 人。

在手机开发的项目示例中，产品负责人确定手机的关键功能，如相机质量、电池寿命、显示屏分辨率和操作系统功能等。敏捷专家负责安排和实施每日工作、冲刺计划和评审。他（或她）还帮助解决供应链延误或技术障碍。开发团队由跨职能成员组成，包括硬件工程师、软件开发人员、设计师和测试人员。该团队的职责是完成冲刺目标、协作完成任务，并在每个冲刺阶段交付可交付的增量。

2. 工件

Product Backlog 是 Scrum 的核心，是产品中预期需要的所有内容的有序列表。产品负责人负责管理它，其中包括功能、改进、修复、需求等。

Sprint Backlog 就是任务列表，是开发团队承诺在冲刺阶段完成的任务和工作项目列表。它包括从 Product Backlog 中选择的项目和交付产品增量的计划。

增量是在冲刺阶段和之前所有冲刺阶段完成的所有 Product Backlog 项目的总和。无论产品负责人是否决定发布，增量都必须可用。

手机开发的工件中，Product Backlog 包括 1200 万像素摄像头、支持 5G、4000mA·h 电池、集成 Android 操作系统、指纹传感器等功能。第一个冲刺阶段的 Sprint Backlog 项目示例包括设计主板布局、组装初始硬件原型和实现基本启动。第一个冲刺结束后，增量示例是具有基本硬件组装和初始软件启动功能的工作原型。

3. 事件

冲刺是一个有时间限制的阶段（通常为 2~4 周），在此期间会创建一个潜在的可交付产品增量。每个冲刺都有一个将要创建的目标、一个指导创建的设计和灵活的计划、工作以及最终的产品增量。

冲刺计划是每个冲刺开始时的一次会议，团队在会上确定冲刺目标，并决定将对产品积压中的哪些项目开展工作。产品负责人解释需要做什么，开发团队决定如何完成工作。

每日 Scrum 是一个简短的每日会议（15min），在此期间，开发团队同步他们的活动，并制定未来 24h 的计划。每个团队成员都要回答三个问题：我昨天做了什么？今天我要做什么？是否有任何障碍？

冲刺回顾是在每个冲刺结束时举行的会议。在会议上，Scrum 团队和利益相关者会检查增量，并在必要时调整产品积压。然后，开发团队展示其在冲刺期间所做的工作。团队在会上对冲刺进行反思，并为下一个冲刺确定改进措施。会议的重点是哪些地方进展顺利，哪些地方可以改进，以及如何使下一个冲刺更有效。

接下来，我们将简要介绍 Scrum 的核心原则，这些原则指导其实施并帮助团队高效地交付高质量产品，是团队高效工作和产品成功的基石。同时，这些原则旨在促进灵活性、协作和持续改进。以下是 Scrum 的核心原则。

1) 实证主义：基于观察和实验的决策过程。
2) 透明性：确保所有过程对团队成员可见。
3) 检查和调整：定期检查并根据需要调整流程。
4) 自我组织：团队自行决定最佳的工作方法。
5) 协作：团队成员和利益相关者之间的有效合作。
6) 意识和表达：确保团队成员了解彼此的工作并有效沟通。
7) 适应：根据反馈和需求变化调整工作流程。
8) 基于价值的优先排序：根据业务和客户价值排序工作。
9) 时间框定：为 Scrum 事件设置固定时间，促进效率。

这些关键原则能指导团队更有效地工作，响应变化，并交付高质量产品。通过遵循这些原则，Scrum 团队可以增强协作，专注于提供价值，并不断改进他们的流程和产品。

Scrum 流程以其清晰的结构和核心组成部分，为团队提供了一种高效、灵活的工作方式，Scrum 的核心组成部分包括：

1) Scrum 价值观：这些价值观是 Scrum 实践的基石，包括责任、勇气、专注、开放和尊重。

2) Scrum 角色：每个角色都有其独特的职责和目标，共同推动项目向前发展。

3) 产品负责人：负责最大化开发团队工作的成果，确保产品价值的最大化。

4) Scrum Master：作为协调者，确保团队遵循 Scrum 原则，同时解决任何可能阻碍团队发展的障碍。

5) 开发团队：由专业人员组成，负责交付高质量的产品增量。

Scrum 流程如图 2-13 所示，其中的主要活动包括：

1) 冲刺规划：确定冲刺期间的工作目标和计划。

2) 每日 Scrum：一个短小精悍的会议，用于同步团队成员的工作进展。

3) 迭代回顾：在冲刺结束时进行，展示已完成的工作成果。

4) 冲刺审查：冲刺结束后，团队进行反思，以识别改进点。

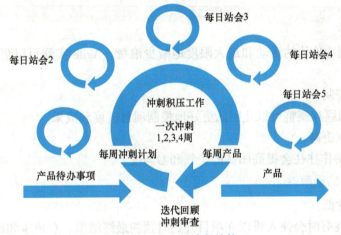

图 2-13 Scrum 流程结构

Scrum 工件是团队沟通和计划的基础，包括：

1) Product Backlog：Scrum 的核心，是一个有序的列表，记录了产品所需的所有功能和需求。

2) Sprint Backlog：任务列表，是从产品积压中选取的任务集合，以及实现这些任务的计划。

3) 增量：冲刺阶段结束时，所有完成的 Product Backlog 项目的累积成果。

实施 Scrum 是一个逐步的过程，包括：

1) 开始实施 Scrum：明确在项目中引入 Scrum 的步骤。

2) 克服挑战：识别并解决在实施过程中可能遇到的挑战。

3) 采用 Scrum 的技巧：分享如何更有效地利用 Scrum 实践。

2.4.5　Agile 的优势和局限性

Agile 管理方法以其在项目管理和软件开发中的动态性而备受青睐，它为各行各业带来了显著的好处，但同时也伴随着一些挑战。

1. Agile 管理方法的优势

（1）灵活性和适应性

Agile 能使团队快速适应客户需求、市场条件或技术的变化，从而更易做出调整和采纳新的见解。

（2）客户满意度

在整个开发过程中，Agile 优先考虑客户的参与和反馈，从而确保最终产品更符合客户的需求和期望。

（3）缩短产品上市时间

Agile 的迭代方法注重定期交付产品的工作增量，从而加快了产品发布速度，缩短了产品上市时间。

（4）提高质量

Agile 实践中的持续测试、集成和反馈回路有助于及时发现和解决问题，从而提高质量。

（5）增强协作与沟通

Agile 强调团队合作、每日例会和密切协作，从而促进团队内部以及与利益相关者之间的沟通。

（6）提高效率

通过专注于创造价值的活动和最大限度地减少浪费，Agile 实践可以更有效地利用时间和资源。

（7）更好的控制

定期审查、回顾和调整可以让团队更好地控制项目进度和成果。

（8）团队士气更高

Agile 实践的协作往往会提高团队的士气和参与度。

2. Agile 管理的局限性

（1）可预测性低

Agile 的灵活性有时会使人难以在项目开始时预测最终结果、总成本和确切的交付日期。

（2）范围变化

如果管理不善，对需求变化的开放性可能会导致范围变化，即特性和功能在没有适当控制的情况下不断扩展。

（3）资源密集性

Agile 通常要求包括客户在内的所有利益相关者投入更多的时间和精力，这可能会造成资源紧张。

（4）学习曲线

刚开始采用 Agile 的组织在采纳和适应 Agile 原则和实践时可能会面临挑战，需要进行培训和文化调整。

（5）不适合所有项目

对于有固定需求或无法从迭代方法中获益的项目，Agile 可能不是最合适的方法。

（6）依赖团队动力

Agile 项目的成功在很大程度上依赖于团队的协作和自我组织能力，如果团队缺乏经验或凝聚力,就会受到限制。

(7) 文档方面的挑战

Agile 实践注重工作软件,但有时会导致文档不足,从而可能影响未来的维护和可扩展性。

(8) 扩展挑战

在大型分布式团队或复杂的组织结构中实施 Agile 具有挑战性,可能需要采用扩展框架,从而使 Agile 过程复杂化。

Agile 管理方法在提供灵活性、效率和强化客户参与方面具有明显优势,但也存在一些需要仔细考虑和管理的挑战。组织在决定采用 Agile 管理方法时,应全面评估其优势和局限性,并根据项目特性和组织目标做出明智的选择。通过不断调整和优化 Agile 实践,组织可以最大限度地发挥其潜力,克服挑战,实现项目和产品的成功。

2.5 PBL 教育项目管理案例分析

在 PBL 教育领域,项目管理案例分析是至关重要的一环。以"老年辅助机器人项目"为例,这一提案不仅展示了工科学生如何将项目管理方法应用于实际问题,更体现了跨学科合作的重要性。在 PBL 教育的背景下,我们针对"老年辅助机器人项目",旨在将控制工程、信息系统和智能自动化等领域的知识与技能融合,培养学生解决老年人日常生活中的实际问题。通过这一项目,学生将以现实世界的实际问题为案例学习如何运用项目管理方法。

1. 项目概览
- 项目名称:老年辅助机器人项目。
- 学制:1 年。
- 学科门类:涵盖机械工程、电气工程、自动化、信息工程等多个领域。
- 团队构成:3~5 个团队,每个团队 5~10 名学生。
- 项目目标:开发能够辅助老年人生活的机器人,让学生在实践中掌握控制算法、传感器融合和人工智能的应用,为解决现实问题贡献力量。

2. 项目实施步骤

(1) 项目启动

方法:启动会议、制定项目章程。

工具:项目章程模板、甘特图。

目标:定义项目目的、范围和关键利益相关者,组建团队并明确角色和职责。

(2) 计划阶段

方法:WBS、风险管理计划。

工具:Microsoft Project、PERT 图表等。

目标:定义项目任务和任务分配对象,并为每个任务和任务分配者设定截止日期,同时识别潜在风险并制定对策。

(3) 执行阶段

方法:瀑布式管理方法、敏捷项目管理方法。

描述：在 Waterfall 的情况下，项目经理管理进度。在 Agile 类型的情况下，项目以冲刺形式进行，并定期举行会议。每个团队将开发老年辅助机器人的不同组件（运动系统、传感器数据融合方法、AI 算法）。

（4）监控与管理

方法：进度报告、质量控制。

工具：使用甘特图、进度仪表板、GitHub、质量管理工具等。

描述：定期审查进度并根据需要调整计划，检查可交付成果的质量并进行必要的更正。

（5）项目收尾

方法：项目评估、成果报告。

工具：演示软件、评估表等。

描述：向利益相关者展示项目成果并收集反馈，进行项目反思并分享学习经验。

3. 特定任务示例

- 设计开发运动系统，开发实现机器人在家中辅助老年人运动的算法，包括避障和导航系统。
- 集成多种传感器数据，开发实时数据处理算法，提高机器人对环境识别的准确性。
- 开发人工智能算法，监测老年人健康和行为，利用语音识别和自然语言处理技术改善人机交互。

4. 学生收获

- 项目管理技能：在项目的规划、执行、监控和管理阶段，学生将学习如何成功推动项目发展。
- 团队合作能力：通过跨学科团队合作，提升解决问题的能力。
- 技术实践：运用最新技术和工具，获得宝贵的实践经验。
- 沟通技巧：加强与利益相关者的沟通，有效传达项目进展和成果。

5. 项目进度示例

- 起步阶段（1~3 个月）：在启动会议上明确项目愿景，创建 WBS，进行风险分析。
- 中期阶段（4~8 个月）：根据冲刺计划，团队开发各自部分，通过定期审查和反馈调整进度。
- 最后阶段（9~12 个月）：进行组件集成测试，进行最终调整，确保工程质量，并在最终演示中展示成果。

老年辅助机器人项目不仅为学生提供了宝贵的学习机会，更通过应对现实世界的挑战，将理论与实践相结合。项目中提供的方法和工具能帮助学生深入理解项目管理，培养实践技能，为学生的未来职业生涯奠定了坚实的基础。

第 3 章　PBL 的建模和仿真工具

导读

本章深入探讨了系统工程的基础知识，阐释了系统工程与 PBL 的融合之道，以及统一建模语言（Unified Modeling Language，UML）和系统建模语言（System Modeling Language，SysML）在 PBL 项目中的实践应用。首先，本章深入探讨了系统工程的核心理念，包括系统构成、系统之系统（System of Systems，SoS）、需求工程、设计综合、系统集成和测试、生命周期管理以及验证和确认等关键要素。接下来，本章介绍了基于模型的系统工程（Model-Based System Engineering，MBSE），强调以模型为信息交流的核心工具。本章还详细介绍了 UML 和 SysML 的图表类型，揭示了这些图表如何助力工程师与设计者以高效、精确的方式理解和构建复杂系统。通过这些图表，学习者能够全面捕捉并表达系统的各种维度，从而在设计阶段预见并解决潜在问题。最后，本章探讨了模拟仿真在 MBSE 中的作用，包括工程仿真软件的目标、优势，以及如何利用这些工具进行优化设计、成本降低、创新增强、风险缓解和性能预测。

本章知识点

- 系统工程介绍
- UML
- SysML
- 模拟仿真

3.1　系统工程

本节将介绍系统工程、V 形图和基于模型的系统工程（MBSE），以阐述系统工程与建模的相关概念。在 PBL 项目中，团队学生通常需要为 PBL 项目的研究构建模型。在这种情况下，理解系统工程的概念并掌握一些建模语言（如 SysML）的知识至关重要。

3.1.1　系统工程概述

系统工程能确保复杂系统实现其目标，并可靠且高效地运行。通过应用系统工程原理，工程师可以管理复杂的项目，最大限度地降低风险，提高系统质量和生命周期性能，并在预算范围内实现项目的既定目标。

1. 系统和 SoS

系统是指为实现一个或多个特定功能或目的而组织起来的相互作用或相互关联的组件。这些组件可以是物理的、数字的，也可以是两者的结合，它们在一个确定的边界内协同工作，以执行任务或解决问题。系统实例包括计算机、生态和交通系统。而系统的系统（SoS）则对这一概念进行了扩展，SoS 将多个独立系统集成到一个更广泛的配置中，从而提供独特的功能。这些独立的系统（称为组成系统）保留了自己的运行和管理模式，但也为更大系统的发展目标做出了贡献。SoS 的特点在于其组成系统具有运行和管理上的独立性、区域分布特性、突发行为及演化发展趋势。SoS 的例子包括城市基础设施（结合交通、水、电和其他系统）、国防系统和全球空中交通管制网络。单一系统与 SoS 的主要差异体现在系统的复杂性和功能性上。单一系统专注于特定的任务，而 SoS 则将不同的系统集成在一起，以实现更广泛、更复杂的目标，其功能往往是任何单一系统都无法实现的。

2. 系统工程

系统工程是一个跨学科领域，包括在整个生命周期内对复杂系统进行设计、集成和管理。特别是，系统工程利用系统思维原则来应对这种复杂性。系统工程的主要目的是确保考虑到所有系统并将其整合为一个整体。简单来说，想象一下你正在制作一幅拼图，每一块拼图都由不同的人使用不同的材料制作而成，并以特定的方式拼接在一起。系统工程这门学科确保了所有拼图不仅能完美地拼接在一起，而且还能产生我们一开始就想创造的画面。在 PBL 中，理解系统工程以及相关技术方法是非常有帮助的。以下是系统工程的组成部分。

（1）需求工程

需求工程重点关注利益相关者对系统的需求，包括记录、分析、优先排序和商定需求，并在整个项目生命周期内持续管理这些需求。

（2）设计综合

在明确了需求后，系统工程协助设计出满足这些需求的系统架构，包括在技术、经济和其他限制因素之间找到最佳平衡点。

（3）系统集成和测试

这一阶段确保所有系统组件按照预期的方式协同工作。通过集成和测试来识别并修复系统组件间不能按预期进行交互的问题。

（4）生命周期管理

系统工程对系统的整个生命周期进行管理，从最初的概念到开发、部署、运行、维护以及最终的退役。

（5）验证和确认

验证和确认阶段确保系统能够满足客户和其他利益相关者的需求。验证检查系统的构建是否正确，而确认检查是否构建了正确的系统。

3.1.2 系统工程的 V 形图

V 形图通常称为 V 模型或 Vee 模型，是一种说明系统工程流程的模型，可表示系统开发项目的生命周期，强调开发阶段与相应的验证和确认活动之间的关系，如图 3-1 所示。该模型的形状像字母"V"，左侧代表需求分解和系统设计，右侧代表集成、验证和确认过程。

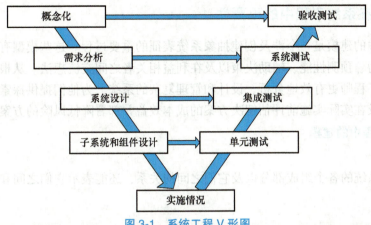

图 3-1 系统工程 V 形图

1. V 形图的组成部分

（1）左侧（开发阶段，这一阶段没有实际结果）

1）概念化。概念化阶段确定高层次的需求和制约因素。

2）需求分析。需求分析阶段详细收集和分析系统需求。

3）系统设计。系统设计阶段设计系统以满足需求。

4）子系统和组件设计。子系统和组件设计阶段将系统进一步分解为子系统和组件，并对每个子系统和组件进行详细设计。

（2）V 的底部

实施情况阶段是系统组件和子系统的实际构建、编码或建造。

（3）右侧（集成和测试阶段，这一阶段有实际结果）

1）单元测试。单元测试阶段用于验证每个组件或子系统是否符合设计规范。

2）集成测试。集成测试阶段用于测试集成组件或子系统之间的相互作用。

3）系统测试。系统测试阶段测试完整的集成系统，以验证其是否符合特定要求。

4）验收测试。验收测试阶段与客户一起进行，以确保系统满足客户的需求和要求。

2. V 形图的特征和优点

（1）规范化方法

为系统工程提供了一种系统化和规范化的方法，为开发、测试和维护列出了明确的步骤。

（2）强调验证和确认

强调在开发的每个阶段测试活动的重要性，确保系统符合详细的设计规范和最初要求。

（3）促进可追溯性

有助于在系统需求和最终交付的系统之间保持清晰的可追溯性，从而更容易管理变更并确保符合需求。

（4）风险管理

可尽早发现问题，以便在产生过高的变更成本之前完成调整。

V 形图可广泛应用于不同工程学科，包括软件工程、机械工程和电气工程。它是规划、执行和监控系统开发过程的重要指南，可以有效管理复杂的开发系统，确保高质量地完成项目。

3.1.3 建模在系统工程中的重要性

系统工程中的建模是一个涉及创建抽象系统表征的重要过程。这些模型有多种用途，包括理解系统行为、预测性能、辅助决策以及在利益相关者之间交流想法。从根本上说，建模可以帮助系统工程师更有效地分析、设计和管理复杂的系统，为他们提供探索不同方案、发现潜在问题以及在实际实施前评估解决方案的成本效益并部署降低风险的方案。

1. 系统工程中的建模

（1）表示

模型表示系统的各个组成部分以及它们之间的关系，还能表示它们之间和它们与环境之间的相互作用。

（2）抽象

模型对复杂系统进行抽象化处理，只关注、分析和设计目标相关的基本特征。这种简化使工程师能够专注于关键方面，而不会被细节淹没。

（3）模拟

许多模型都具有在各种条件下模拟系统行为的功能。通过模拟可以预测不同配置和运行环境下的结果，为了解系统性能和解决潜在问题提供有价值的见解。

（4）分析和优化

模型可以分析系统的可行性、可靠性和其他相关性能。它们还可以根据指定标准（如成本、效率和弹性）评估各种替代方案，从而帮助优化设计。

（5）沟通

模型是工程师、管理人员、客户和最终用户等利益相关者之间的共同语言。模型有助于各利益相关者更准确地理解并交流复杂的概念和系统要求。

2. 系统工程中的模型类型

（1）物理模型

表示系统的物理方面，如体系结构和拓扑结构。它们可以是系统的原型或缩小版。

（2）数学和计算模型

数学公式和算法代表系统行为和交互。这些模型通常被用于模拟目的，以预测系统在不同条件下的响应与性能。

（3）图形模型

图形模型包括直观表示系统组件和交互的图表和图纸，如框图、流程图和统一建模语言（UML）图。

（4）系统动力学模型

系统动力学模型重点了解系统各组成部分随时间变化的行为，使用方程表示影响系统动态的反馈和时间延迟。

建模在系统工程过程中起着基础性作用。它为系统需求的概念化和定义、综合潜在解决方案以及设计的反复改进提供支持。此外，建模还有助于验证和确认系统，确保其满足最初的要求和目标。

系统工程师使用各种工具和技术进行建模，从纸笔草图到复杂的软件工具，如计算机辅助设计（CAD）系统、SysML（系统建模语言）等建模语言和仿真软件。工具的选择取决于项目的具体需求、系统工程生命周期所处的阶段以及所设计系统的复杂程度。总之，建模是系统工程的一个基本方面，它使复杂系统的高效和实用设计、分析与管理成为可能。它提供了一个理解系统的基础框架，支持决策制定，并促进了所有利益相关者之间的沟通。

3.1.4 基于模型的系统工程（MBSE）

在系统工程中，建模扮演着基石的角色。它支持系统需求的概念化和定义、潜在解决方案的合成以及设计的迭代完善。此外，建模还有助于验证和确认系统，确保其满足最初的要求和目标。这一过程贯穿于系统工程的各个阶段，从初始概念形成直至最终产品的交付和维护。

基于模型的系统工程（MBSE）是一种系统工程方法，它强调使用模型作为信息交流的主要手段，而不是传统的基于文档的方法。MBSE 旨在利用各种建模工具和技术，支持复杂系统的创建、分析和开发。这种方法旨在加强利益相关者对系统整个生命周期（从概念化到开发、部署、运行和最终退役）的理解、沟通并提升效率。以下是 MBSE 的特点。

（1）以模型为核心工件

MBSE 使用专业建模语言（如 SysML）创建的正式模型作为系统规格和需求的主要来源。这是 MBSE 与严重依赖文档中的文本和图表的传统方法的不同之处。

（2）加强交流

通过提供清晰明确的系统表述，模型有助于工程师、利益相关者和其他相关方之间更好地沟通。这种清晰度有助于最大限度地减少误解和错误。

（3）效率和效益

MBSE 允许对系统要求和设计进行早期验证和核查，从而减少开发后期代价高昂的修改。自动化工具还可以进行分析、模拟和一致性检查，从而提高整体开发效率。

（4）生命周期管理

MBSE 支持系统生命周期的管理，允许随着系统的发展对模型进行更方便的更新和迭代，确保文档保持一致和最新。

（5）互操作性和集成

MBSE 促进了系统工程中使用的不同工具和方法的集成，有利于互操作性和更全面的分析。

采用 MBSE 意味着从以文档为中心的系统工程流程向以模型为中心的流程转变，MBSE 旨在解决现代系统开发中固有的复杂问题，这种方法在航空航天、国防、汽车和医疗保健等系统日益复杂和集成化的行业中显得弥足珍贵。

要精通系统工程，就必须培养解决问题、批判性思维、团队合作和沟通的技能，数学、物理和各种工程学科等相关领域的知识也至关重要。系统工程教育通常包括跨学科课程、项目、实习，有时还包括参加模拟真实世界系统工程挑战的竞赛，而以项目为基础的学习型教育适合系统工程的教育方法。

3.2 UML

系统工程是一门综合性的工程学科，它以全局视角审视系统设计和优化，覆盖了从概念构思到系统运行的全生命周期。在系统工程的众多关键活动中，工程建模尤为关键，它通过构建模型来表现系统的各个方面，从而促进分析、设计、验证和沟通的进程。统一建模语言（Unified Modeling Language，UML）在这一过程中发挥着至关重要的作用，它提供了一种强大、灵活且标准化的建模手段，显著提升了设计的质量、可维护性和沟通的清晰度。利用 UML，系统工程师能够创建出既清晰又一致的模型，这些模型不仅可用作验证，而且对于支持复杂系统的设计和开发至关重要，可在 PBL 中帮助大家完成项目中的相关建模工作。接下来，本节将详细介绍 UML 的建模图类型，说明它是如何成为系统工程建模不可或缺的工具的，并展示它如何帮助工程师们以一种高效和精确的方式理解和构建复杂系统。通过具体介绍 UML 的各种图表和它们在系统工程中的应用，我们将更好地理解 UML 的强大功能和它在系统工程建模中的实际价值。

3.2.1 UML 简介

统一建模语言（UML）是一种标准化的建模语言，用于软件开发过程中的系统设计和软件开发。它提供了一套图形化的符号和规则，用于创建软件系统的模型，其基本结构块包括三方面：UML 事物、UML 关系、UML 图。UML 广泛应用于系统工程和软件工程领域，帮助设计者、开发者和项目利益相关者之间进行有效沟通。UML 的几个典型特点如下：

1) 图形化：UML 使用图形化的模型来表示系统的不同方面，使得设计意图和系统结构更加直观易懂。

2) 面向对象：UML 基于面向对象的概念，使用类、对象、关系等来描述系统结构和行为。

3) 多视图：UML 提供了多种视图，如用例视图、类视图、序列视图等，可以从不同角度描述系统。

4) 标准化：UML 是一个被广泛接受的标准化建模语言，由对象管理组织（OMG）维护。

5) 扩展性：UML 允许用户根据自己的需求进行定制和扩展。

6) 迭代和增量：UML 支持迭代和增量的开发，允许开发者逐步细化和完善模型。

这些特点共同构成了 UML 的核心优势，使其成为软件系统建模和设计中广泛使用的工具。在系统工程设计中，UML 主要用于以下几个方面：

1) 需求分析：使用用例图（Use Case Diagrams）来识别系统的功能需求和用户交互。

2) 静态结构建模：使用类图（Class Diagrams）来描述系统的静态结构，包括类、属性、操作和它们之间的关系。

3) 动态行为建模：使用序列图（Sequence Diagrams）、状态图（state diagrams）和活动图（activity diagrams）来描述系统的行为和流程。

4) 系统架构：组件图（Component Diagrams）和部署图（Deployment Diagrams）用于展示系统的物理架构和组件的部署。

5) 交互设计：序列图和通信图（Communication Diagrams）帮助设计者理解对象之间的

交互和消息传递。

6）并发和同步：UML 提供了机制来表示并发流程和同步需求，这对于分布式系统和实时系统的设计尤为重要。

7）模型验证：可以通过模型检查（Model Checking）工具验证 UML 模型的一致性和完整性。

8）文档化：UML 图可以作为系统文档的一部分，为系统维护和未来开发提供参考。

9）迭代和增量开发：UML 支持敏捷开发方法，允许设计在迭代过程中逐步细化和完善。

UML 作为一种建模工具，它允许设计者以图形化的方式表达复杂概念，从而促进团队成员之间的沟通和理解。使用 UML 可以提高设计的准确性，减少使用者的误解，并为软件实现提供清晰的规划。

3.2.2 UML 事物

UML 事物是 UML 中最基本的结构元素，包括类、接口、数据类型、信号等。UML 事物主要由两部分组成：结构事物和行为事物。

1. 结构事物

用于描述系统的静态方面，即系统的组成元素和这些元素之间的关系，主要包括：

1）类（Class）：具有相同属性和行为的对象的集合，如图 3-2 所示。类用一个矩形表示，包括名称、属性、操作三部分。

2）接口（Interface）：一个类或组件的服务操作集，定义了一组操作的规范，但不指定实现细节，如图 3-3 所示。接口用一个带有名称的圆表示。

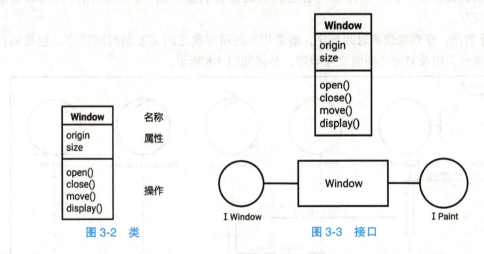

图 3-2　类　　　　　　　图 3-3　接口

3）组件（Component）：表示系统中的软件模块，具有特定的功能。系统中物理的、可替代的部件，它遵循且提供一组接口的实现，如图 3-4 所示。组件由一个带有小方框的矩形表示。

4）节点（Node）：表示系统中的物理或硬件部分，如服务器、工作站等，如图 3-5 所示。节点用一个立方体表示。

5）用例（Use Case）：针对一组动作序列的描述，系统执行这些动作将产生一个对待定的参与者有价值且可观察的结果，如图 3-6 所示。用例用一个人形的图案表示。

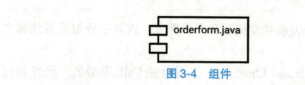
图 3-4 组件

图 3-5 节点

6）主动类（Active Class）：对象至少拥有一个进程或线程，能启动控制活动，如图 3-7 所示。主动类的表示方法和普通类相似，也是使用一个矩形，只是最外面的边框使用粗线。

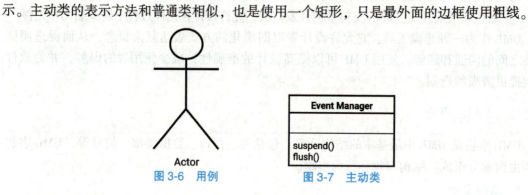

图 3-6 用例　　　　　　　图 3-7 主动类

2. 行为事物

UML 模型中的动态部分，描述系统的动态方面（跨越时间和空间的行为），主要包括交互和状态机。

（1）交互（Interaction）

交互指的是系统中的对象或参与者之间的通信和消息交换。UML 使用序列图和通信图来表示交互。

1）序列图：序列图强调时间顺序，通常用来展示对象之间交互的时间顺序，包括消息的发送和接收，以及对象之间的交互顺序，具体如图 3-8 所示。

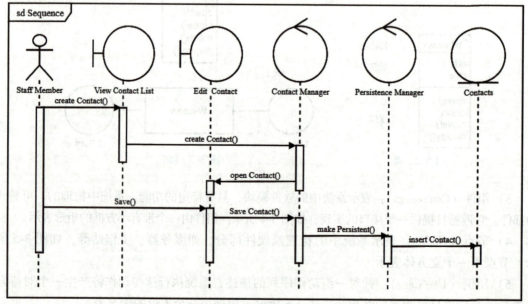

图 3-8 序列图

2）通信图：通信图也称作协作图，它强调对象之间的结构关系，展示了对象如何通过消息传递进行协作，如图 3-9 所示。通信图更侧重于对象间的组织和连接。

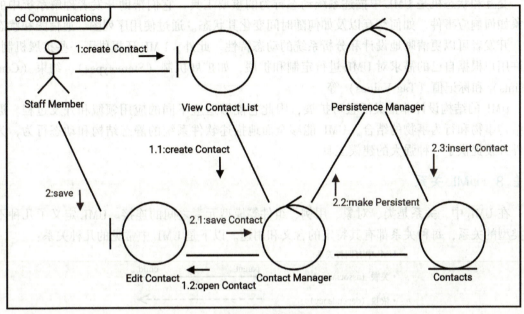

图 3-9 通信图

（2）状态机（State Machine）

用于描述对象在其生命周期中可能处于的不同状态，以及在不同事件发生时状态之间的转换。状态图（Statechart Diagram）是 UML 中表示状态机的图，如图 3-10 所示。它展示了对象可能的状态、状态之间的转移、事件触发器以及与状态相关的动作或活动。状态图由以下元素组成：

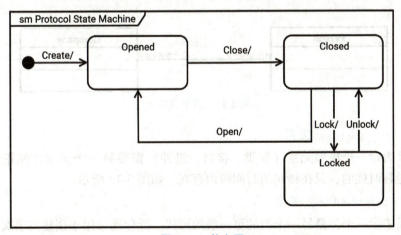

图 3-10 状态图

1）状态（State）：对象的一个条件或情况，在该条件下对象可以执行某些动作或等待某些事件发生。

2）转移（Transition）：当一个事件发生时，对象从当前状态移动到另一个状态的过程。

3）事件（Event）：触发状态转移的信号或条件。

4）动作（Action）：与状态转移相关的行为，如执行某个方法或改变对象的属性。

交互和状态机是 UML 中描述系统动态行为的重要工具，它们帮助开发者理解系统中的对象如何响应事件、如何交互以及如何随时间变化其状态。通过使用序列图、通信图和状态图，开发者可以更清晰地设计和分析系统的动态特性。此外，UML 还提供了一些扩展机制，允许用户根据自己的需求对 UML 进行定制和扩展，如扩展机制（Stereotypes）、约束（Constraints）和标记值（Tag Values）等。

UML 的结构设计非常灵活且可扩展，因此它能够适应不同的应用领域和开发过程。通过结构事物和行为事物的结合，UML 能够全面地描述软件系统的静态结构和动态行为，为软件开发提供了一种强大的建模工具。

3.2.3 UML 关系

在 UML 中，关系是类、对象、用例、组件等模型元素之间的连接。UML 定义了几种不同类型的关系，每种关系都有其特定的含义和用途。以下是 UML 中常见的几种关系：

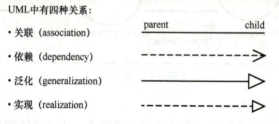

1. 关联（association）关系

如图 3-11 所示，关联关系表示两个类之间的结构性关系，其中一个类的对象与另一个类的对象之间存在连接。关联关系可以有方向，表示一种"拥有"或"包含"的关系，如图 3-11 所示。

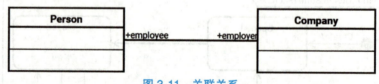

图 3-11 关联关系

2. 依赖（dependency）关系

依赖关系表示一个模型元素（如类、接口、组件）需要另一个元素才能正常工作。依赖关系通常是暂时性的，只在特定的时间段内存在，如图 3-12 所示。

3. 泛化（generalization）关系

泛化关系表示一个类是另一个类的更一般的形式。泛化通常用于创建类层次结构，其中子类是超类的特化，如图 3-13 所示。

4. 实现（realization）关系

实现关系表示一个类或组件实现了一个接口，这意味着类或组件提供了接口中定义的所有操作的具体实现方法，如图 3-14 所示。

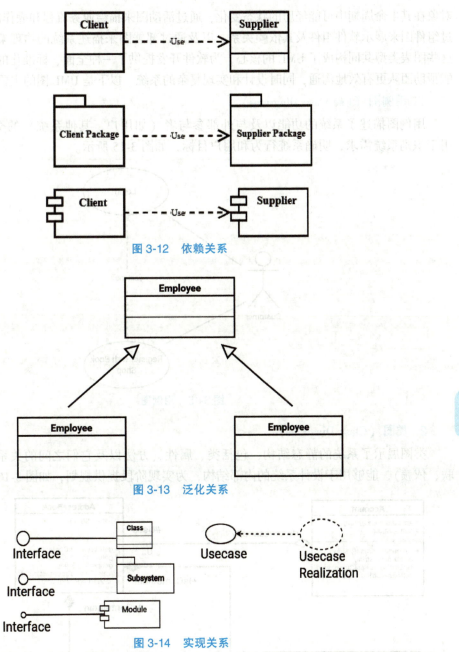

图 3-12 依赖关系

图 3-13 泛化关系

图 3-14 实现关系

这些关系在 UML 模型中扮演着重要角色，它们能够更好地定义模型元素之间的交互、连接和依赖。通过使用模型元素的这些关系，开发者可以创建出准确、一致的模型，从而更好地理解和设计系统。

3.2.4　UML 图

UML 图是一种用于可视化描述软件系统结构和行为的标准建模语言图。UML 通过用例图来定义系统的功能需求和用户交互，通过类图来展示系统的静态结构，包括类、属性、方法及其关系，通过序列图和通信图来描述对象间的动态交互和消息传递顺序，通过状态图来表示对象在其生命周期中可能经历的状态变化,通过活动图来描绘业务流程和操作的工作流程,通过组件图来展示软件组件及其依赖关系,以及通过部署图来描述系统的物理架构和组件分布。这些图表类型共同构成了 UML 的核心,为软件开发提供了一种全面、标准化的视觉建模语言,能帮助团队更有效地沟通,同时设计和实现复杂的系统。以下是 UML 图的主要类型。

1. 用例图(Use Case Diagrams)

用例图描述了系统的功能以及与外部参与者(如用户、其他系统)的交互作用,能够用于识别系统需求,明确系统行为和用户目标,如图 3-15 所示。

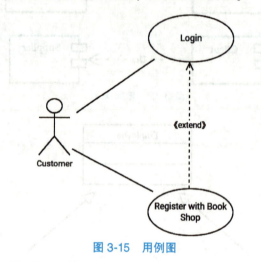

图 3-15 用例图

2. 类图(Class Diagrams)

类图展示了系统的静态结构,包括类、属性、方法以及它们之间的关系(如继承、关联、依赖),能够用于设计系统的内部结构,为实现阶段提供规划,如图 3-16 所示。

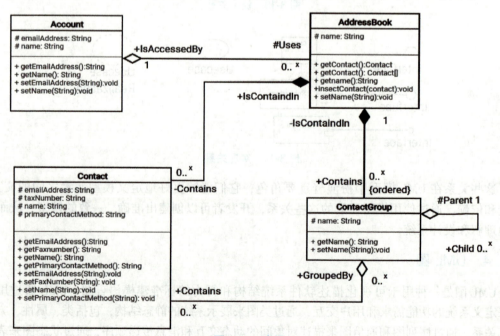

图 3-16 类图

3. 序列图（Sequence Diagrams）

序列图描述了对象之间交互的顺序，展示了消息交换的过程，能够用于分析和设计系统的动态行为，特别是理解复杂交互和时间依赖性，如图 3-17 所示。

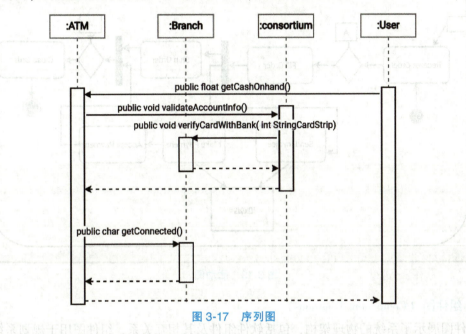

图 3-17　序列图

4. 状态图（State Diagrams）

状态图展示了对象在其生命周期中可能处于的不同状态以及状态之间的转换，能够用于设计和理解系统或对象在不同情况下的行为，如图 3-18 所示。

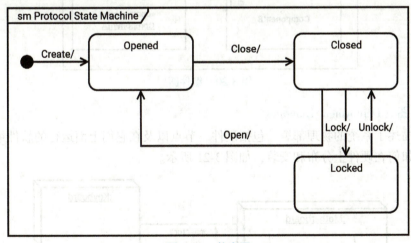

图 3-18　状态图

5. 活动图（Activity Diagrams）

活动图描述了业务流程或工作流程，展示活动的顺序和条件决策，能够用于规划和构建复杂的业务逻辑和操作步骤，如图 3-19 所示。

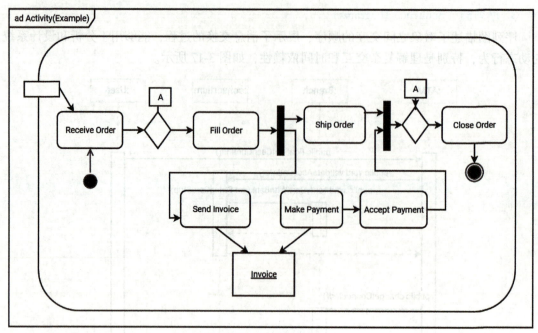

图 3-19 活动图

6. 组件图（Component Diagrams）

组件图展示了系统的物理架构，包括软件组件及其相互关系，组件图用于规划系统的模块化和组件化，指导系统的开发和集成，如图 3-20 所示。

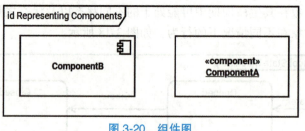

图 3-20 组件图

7. 部署图（Deployment Diagrams）

部署图描述了系统的物理部署，包括硬件、节点以及在它们上面运行的软件组件，可用于展示系统如何在硬件上分布和安装，如图 3-21 所示。

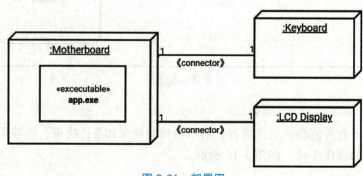

图 3-21 部署图

8. 通信图（Communication Diagrams）

通信图类似于序列图，但更侧重于对象之间的关系和消息传递，可用于分析对象之间的协作关系和交互模式，如图 3-22 所示。

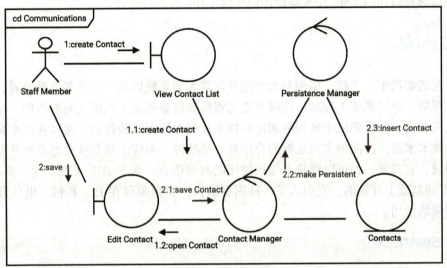

图 3-22　通信图

9. 组合结构图（Composite Structure Diagrams）

组合结构图展示了系统的内部结构，特别是复杂系统的内部组件和它们之间的连接，可用于深入理解系统的内部协作和交互，如图 3-23 所示。

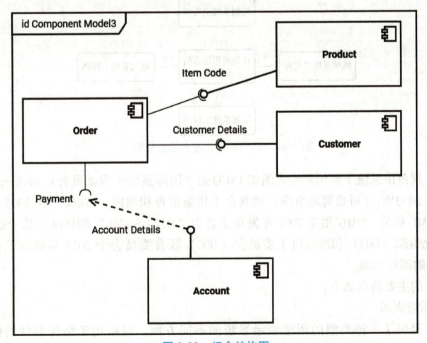

图 3-23　组合结构图

通过 UML 图，系统工程师能从多个角度清晰地描绘和理解软件系统，通过使用不同类型的图，他们可以在设计早期发现并解决潜在问题。每种类型的图都针对特定的建模需求，相互补充，共同构成了一个完整的系统模型。在实际应用中，根据项目的具体需求和阶段，工程师可以选择适当的 UML 图来辅助他们完成工作。

3.3　SysML

在开发诸如汽车、飞机、船舶和太空站开发等大型系统以及下一代制造系统时，需要机械系统工程师、电气系统工程师、控制系统工程师和信息系统工程师之间的协作。在这里需要考虑的问题是，每个领域中使用的理论和技术系统本质上是独特的，难以在技术交流中理解彼此的技术术语，这使得实现足够的合作具有挑战性。系统工程是从大型系统开发中诞生的技术领域，它需要一种可以跨技术领域使用的共同语言，而 SysML 实现了这一点。SysML 是在 UML 的基础上开发的，它引入了一种图形语言，工程师可在 IT、机械、电气和控制工程等不同领域使用。

3.3.1　SysML 简介

SysML（系统建模语言）是一种通用建模语言，支持各种系统和流程的规范、分析、设计、验证和确认。它是统一建模语言（UML）的扩展，专门为系统工程而设计。如图 3-24 所示，SysML 为系统行为、需求和结构建模提供了一种标准方法，促进了系统架构的探索、设计决策的交流以及 IT（信息技术）、机械、电气和控制工程等多学科贡献的集成。

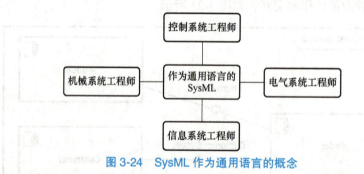

图 3-24　SysML 作为通用语言的概念

SysML 规范由系统工程国际专家组织 INCOSE（国际系统工程委员会）和统一建模语言标准管理组织 OMG（对象管理组织）的联合工作组审查和制定。INCOSE 在 2005 年发布了开源的 SysML 规范，OMG 则在 2007 年发布了名为"OMG SysML"的标准。基于这些规范，国际标准化组织（ISO）和国际电工委员会（IEC）联合委员会于 2017 年制定了名为 ISO/IEC 19514 的国际标准。

SysML 的主要特点如下：

（1）图形表示

SysML 提供了多种类型的图来表示系统的不同方面，包括用于结构组件的模块定义图、用于显示系统各部分之间关系和交互的内部模块图，以及用于描述工作流或流程的活动图。

(2) 需求建模

与 UML 不同，SysML 包含一个专门的需求建模机制。这允许将需求整合到系统设计过程中，SysML 支持从系统需求到系统设计具体元素的可追溯性。

(3) 参数建模

SysML 支持参数化建模，允许定义约束条件和性能标准。这对工程分析非常有用，可以评估系统特性和设计变更的影响。

(4) 跨学科设计集成

SysML 的设计适用于包括硬件、软件、信息、流程、人员和设施在内的各种系统。这种多功能性使其成为一种有效的工具，可将不同工程学科的贡献整合到具有凝聚力的系统设计中。表 3-1 解释了系统工程中的功能及其在 SysML 中的相应功能。

表 3-1 系统工程中的功能及其在 SysML 中的相应功能

系统工程的功能	SysML 中的相应功能
系统要求	需求图
系统的层次结构	模块定义图
系统的结构和行为	结构：模块定义图、内部模块图、包图 行为：活动图、序列图、状态机图、用例图
验证系统	参数图

SysML 由对象管理组织管理，其开发和规范是工业界、政府和学术界合作的成果。该语言不断发展以满足系统工程专业人员日益增长的需求，被航空航天、国防、汽车和电信等需要严格而全面的系统工程流程的行业广泛应用。

3.3.2 SysML 图的类型

作为 SysML 的入门，了解它的图分类至关重要。SysML 将图分为三大类：行为图、需求图和结构图，如图 3-25 所示。SysML 的结构，如图 3-26 所示。

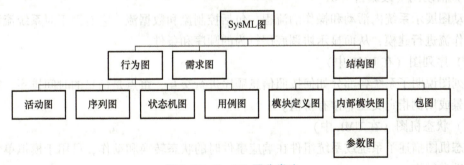

图 3-25 SysML 图分类法

1. 需求图（不在 UML 中）

需求图不在 UML 中，是传统需求管理工具与 SysML 模型之间的桥梁。在 UML 中，用例图扮演这个角色，但用例图不能表示整个系统的非功能性需求。而需求图可以表示所有类型的需求，包括功能性和非功能性需求，同时，需求图支持整个系统模型的可追溯性。

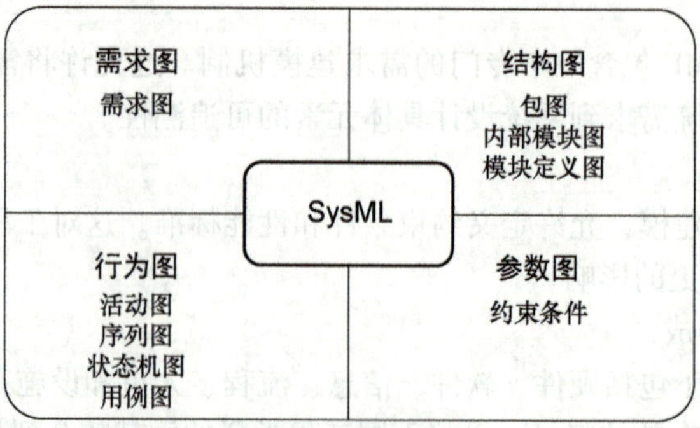

图 3-26　SysML 结构

2. 结构图和参数图

（1）模块定义图（BDD）（根据 UML 修改而成）

模块定义图定义了系统组件（块），以块及其关系（包括关联、概括和组合）来显示系统的静态结构，有助于展示系统层次结构和组件接口。

（2）内部模块图（IBD）（根据 UML 修改而成）

内部模块图（IBD）提供了 BBD 中一个块（系统组件）内部结构的详细视图。它描述了块内的组件如何通过端口和接口进行连接和交互，重点是系统各部分之间的信息流和控制流。

（3）包图

包图将系统模型组织成易于管理的组（包装）。这种图将模型分成更小、更集中的模型或视图，从而帮助模型的结构化，尤其是大型系统。

（4）参数图（不在 UML 中）

参数图用于定义系统模型中的约束条件和性能标准。该图通过定量关系（如方程和公式）来定义系统的参数行为，从而为工程分析提供支持。

3. 行为图

（1）活动图（改编自 UML）

活动图展示系统内活动和操作的流程，包括控制流和数据流。它有助于对系统流程、操作和工作流进行建模，从而显示协调底层行为的顺序和条件。

（2）序列图（在 UML 中）

序列图说明了系统各部分如何按照信息顺序进行交互，重点是信息的时间排序。它对于根据场景或用例指定交互非常有价值。

（3）状态机图（在 UML 中）

状态机图描述了系统或系统组件在响应事件时的状态转换和动作，可用于模拟单个系统元素的动态行为。

（4）用例图（在 UML 中）

用例图捕捉用户与系统的交互，定义系统的边界、与系统交互的用户或参与者以及系统执行的高级功能，用例图有助于我们从外部角度理解需求。

了解了这些图表类型，就能对 SysML 有一个基础性的了解，从而展示其在复杂系统建模各方面的多功能性。这使得 SysML 成为系统工程中的一个适用于各个行业和学科的宝贵工具。

3.3.3 SysML 图

本节将解释 5 种专为 SysML 设计的图（需求图、模块定义图、内部模块图、参数图和活动图）。序列图、状态机图和用例图已在 UML 中进行了介绍。

1. 需求图

SysML（系统建模语言）中的需求图是一种专门的图类型，旨在捕获、组织和关联需求，特别针对系统开发背景下的需求工程进行设计。需求图提供了一种强有力的方式来可视化和管理需求之间及其与模型其他元素之间的复杂关系网络。这有助于实现可追溯性——验证系统是否满足预定需求的关键方面，并支持各种分析以确保系统设计的完整性和一致性。

图 3-27 是一个生态汽车需求图的示例。

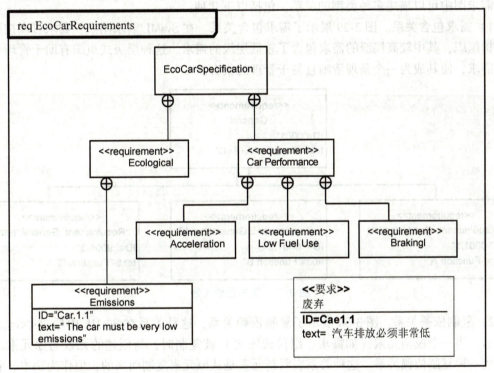

图 3-27 生态汽车需求图

SysML 需求图的主要组成部分如下所述。

（1）需求

图 3-28 展示了需求图中的核心元素——需求节点。每个需求都有一个唯一的标识符，并且通常包括一个文本描述，明确了需要实现的目标。

在 SysML 规范中，<<需求>>被定义为一个立体模型，但它并不是唯一用于需求管理的立体类型。以下内容也被用作扩展立体类型：

1）<<extendedRequirement>>：通过附加标记属性，此类型扩展了基本的 SysML 需求。

2）<<functionalRequirement>>：此类型声明一个 SysML 需求，该需求描述系统如何与其他系统连接或交互，它关注的是系统必须执行的功能或提供的服务，能确保系统行为和性能符合预期。

3）<<interfaceRequirement>>：此类型同样声明系统如何与其他系统连接或交互的 SysML 需求，但更侧重于具体的接口细节，如通信协议、数据格式、消息结构等。这对于多系统集成和互操作性尤为重要。

4）<<performanceRequirement>>：此类型声明一个 SysML 需求，该需求描述系统如何根据定义的能力或条件执行。这类需求能确保系统在预定的工作负载下达到预期的性能水平。

图 3-28 需求节点

5）<<physicalRequirement>>：此类型声明了系统物理特性或约束的 SysML 需求。

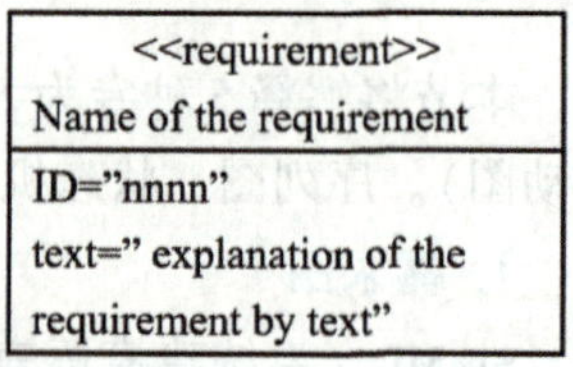

6）<<designRequirement>>：此类型声明了一个指定实现系统的约束的 SysML 需求。

（2）关系

需求图中可以描述多种类型的关系，包括以下几种：

1）需求包含关系。图 3-29 展示了需求包含关系。在 SysML 需求图中，需求可以按照层级结构组织，其中较高层级的需求包含了较低层级的需求。这种层级式组织有助于管理和结构化需求，使其成为一个条理清晰且易于管理的集合。

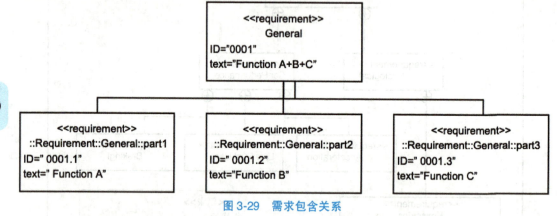

图 3-29 需求包含关系

2）复制依赖关系。图 3-30 展示了复制依赖关系，这种关系在 SysML 中通过<<copy>>来表示。当一个模型元素（如需求、组件或图表）被复制时，新创建的元素与原元素之间会形成一种复制依赖关系。这种关系表明新元素是从原元素复制而来的，但作为副本，它是只读的，即对副本的任何修改都不会影响到原元素。<<copy>>是一个立体模型。

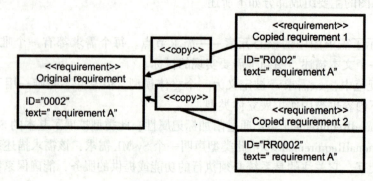

图 3-30 复制依赖关系

3）派生关系。图 3-31 展示了一个派生关系，派生关系在 SysML 中通过<<deriveReqt>>来表示。这种关系表明一个需求是从另一个需求派生出来的，通常用于展示如何将高层级的、较为抽象的需求分解为更具体、更详细的需求。这种分解过程有助于将广泛的目标转化为可操作的、可实现的规格说明。

图 3-31　派生关系

<<deriveReqt>>是一个立体模型。

4）满足关系。图 3-32 展示了满足关系，满足关系在 SysML 中用<<satisfy>>表示。这种关系表明模型元素如何满足特定需求的关键关系。满足关系在需求图中起到了桥梁的作用，它将设计元素与需求直接关联起来，确保设计决策与需求目标保持一致。

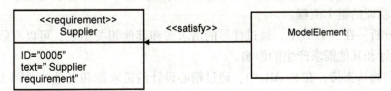

图 3-32　满足关系

5）验证关系。图 3-33 展示了验证关系，验证关系在 SysML 中用<<verify>>表示。这种关系表明需求与测试用例或其他验证方法之间关系。验证关系明确指出，特定的测试或验证活动是用来确认需求是否已被满足的手段。这种关系在需求图中非常重要，因为它确保了需求的可验证性和可测试性，是实现需求驱动开发和质量保证的基础。

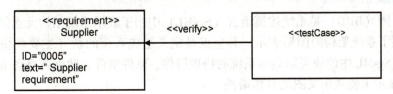

图 3-33　验证关系

6）细化关系。图 3-34 展示了细化关系，细化关系在 SysML 中用<<refine>>表示。这种关系用于表示如何将一个需求细化为更具体、更详细的设计元素。细化关系在需求图中起到关键作用，它帮助构建需求与其实现之间的桥梁，帮助缩小需求与实现之间的差距，确保设计决策与需求目标紧密相连。

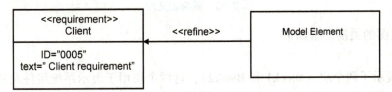

图 3-34　细化关系

7）跟踪关系。图 3-35 展示了跟踪关系，跟踪关系在 SysML 中用<<trace>>表示。这是一种在 SysML 中使用的通用关系，表示在需求与模型中的任何其他元素之间建立连接。追踪关系支持广泛的可追溯性需求，能确保需求与设计、实现、测试等各个阶段的模型元素之间存在明确的联系。

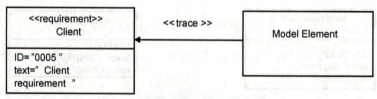

图 3-35　跟踪关系

8）注释和限制。在 SysML 中，为了更全面地定义需求，确保其清晰性和可实施性，可以添加额外的信息来澄清需求的细节、指定条件或施加约束。

（3）SysML 需求图的目的和优点

1）可追溯性。在 SysML 中，综合运用各种关系和类型，可以有效地追踪需求从系统设计到实现再到验证的整个流程。

2）影响分析。在 SysML 中，通过详尽的需求图和其他相关图表，可以有效地评估需求变更对系统设计和其他需求产生的影响。

3）验证和确认支持。在 SysML 中，通过精心设计的需求图和其他相关图表，可以确保所有需求都被系统设计涵盖，并且可以通过合适的方法得到验证。

4）沟通。SysML 的需求图作为系统建模语言的一个核心组成部分，为工程师、管理者和客户等各利益相关者提供了一种清晰且精练的沟通方式。

通过将需求整合到基于模型的系统工程（MBSE）流程中，SysML 的需求图支持了一种更为结构化和有纪律的需求管理方法，从而显著提升了系统开发项目的整体质量和成功率。

2. 模块定义图（BDD）

模块定义图（BDD）是系统建模语言（SysML）中用于表示系统结构元素的核心图类型之一。它提供了系统架构的图形表示，其重点是定义组成系统的块（主要模块化组件）及其静态关系。SysML 中的块可以表示系统的物理组件、软件组件、数据或概念部分。

图 3-36 显示了模块定义图的具体语法。

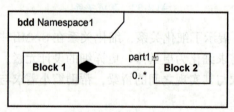

图 3-36　模块定义图

模块定义图的关键要素如下：

（1）块

图 3-36 展示了两个块（Block1 和 Block2），这两个块用于表示系统组件及其特征的主要建模元素。块可以封装结构特征（如属性和部件）和行为特征（如操作和活动）。

图 3-37 展示了无间隔的块的表示方式。在 SysML 中，块可以被划分为不同的隔室，以更清晰地组织和展示块的特性。块包括操作和属性，用于指定其值、部件和对其他块的引用。

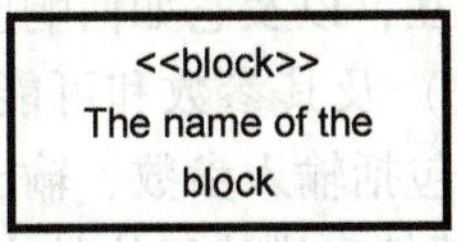

```
<<block>>
The name of the
block
```

图 3-37　无间隔的块

图 3-38 显示了带有隔层的块。在 SysML 中，有几个隔间不是固定的，我们可以根据需要添加或移除块中的隔层，以更好地组织和展示块的特性。

```
<<block>>
Block 1
constraints
(for example)
{ x>y }
operations
(for example)
operation1(parameter1:parameter
type): returnvalue1type
parts
(for example)
property1: Block1
references
(for example)
property2: Block1 [0..*] {ordered}
values
(for example)
property3: [1..10]
properties
any properties not included in another
compartment
```

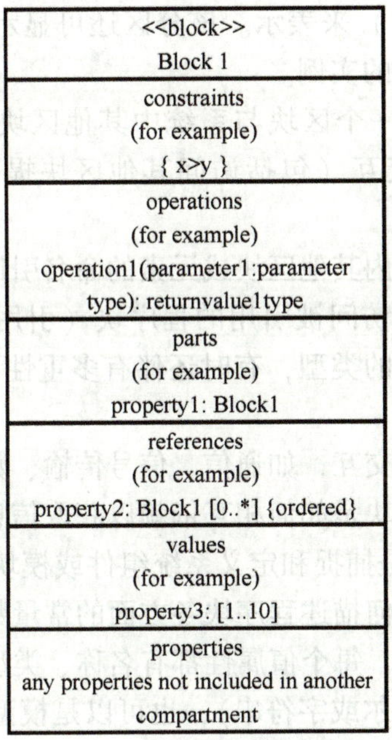

图 3-38　带隔层的块

1）约束。约束隔层规定了块、其属性或关系必须遵守的规则或限制。它定义了块（或系统组件）必须遵守的数学、逻辑或物理规则。这些约束对于确保系统在所定义的参数范围内正确运行至关重要。

这些约束可以是简单的表达式（如 $x>0$），也可以是定义不同属性之间关系的复杂公式。通过定义约束条件，系统工程师可以对系统的行为、尺寸、性能或其他特性强制执行规则。这可以确保系统在安全、高效和实用的范围内运行。约束可用于多种目的，如指定性能标准（如速度、效率）、物理特性（如重量、尺寸）或操作限制（如温度范围、速度限制）。

约束条件有助于定义系统内必须保持的条件。这对于确保系统设计的可行性和可靠性至关重要。它们帮助系统工程师在多个维度上平衡系统的需求和限制，确保系统在实际部署和运行中能够满足预期的性能和目标。通过在 SysML 的块定义图中明确这些约束，系统工程师能够更早地识别和解决潜在的设计冲突，减少后期的返工和成本超支，从而提高系统开发的整体效率和质量。

2）操作。操作隔层规定了程序块可能采取的行动或行为。这些操作是程序块可以执行的功能或方法，涉及处理输入、改变程序块的状态或产生输出。操作是块行为特征的核心，反映了块如何与系统中的其他组件交互，以及它如何响应外部事件或内部状态变化。

该单元列出了操作（函数或方法）及其参数和可能的返回类型。操作代表程序块可以执行的行为，并由名称定义。它可能包括输入参数、输出参数和返回值类型等信息。

3）零件。零件隔层通过其组成部件来描述区块的内部结构。它说明了区块如何分解成更小的部件，而这些部件本身又是模型中其他区块的实例。部件区块基本上代表了系统内部的组成层次。

该分区包含一个部件或组件列表，其中每个部件都是一个模块的实例。这些部件用名称和类型（类型即定义部件的模块）来表示。该分区还可显示部件的多重性，表明在包含部件的块中有多少个特定部件类型的实例。

4）引用。引用隔层定义了一个区块与系统中其他区块或元素的连接、交互或依赖方式。这些引用对于区块的外部交互（包括访问其他区块提供的服务、数据或功能）至关重要。

此区块包含一系列指向模型内其他区块或元素的命名引用列表。一个引用指定了一种关系，在这种关系中，程序块可以访问被引用的程序块（引用的目标）或与之交互。符号通常包括引用的名称和所引用的块的类型，有时还伴有多重性（multiplicity）以表示可引用实例的数量。

引用用于模拟块之间的各种交互，如通信、信号传输、数据流或共享资源。通过指定引用，模型能够明确地展示系统中块是如何相互依赖以获取信息、服务或其他形式的交互的。

5）数值。数值隔层的目的是捕捉和定义系统组件或模块的固定或静态特征。这些特性可以是物理属性、配置参数或任何描述程序块各方面的常量数据。

该单元包含一个值属性列表，每个值属性都有名称、类型和可选的默认值。这些属性可以是基本数据类型（如整数、布尔或字符串），也可以是模型中其他地方定义的更复杂的类型。它们还可以包含多重性，以表示数组或值集合。

值属性在系统工程中被广泛用于指定定义系统设计的参数，如尺寸、材料、容量和其他技术指标。这些值可将系统模型参数化，以便根据指定要求进行分析、模拟和验证。

6）属性。属性隔层定义了描述块结构和行为的特征。这包括在系统生命周期内不会改变的静态数据（值属性）以及零件（零件属性），这些数据在整个系统生命周期中保持不变，零件代表块的物理或逻辑组成部分。

值属性通常用于指定配置参数、物理特性或与数据块相关的任何静态数据。它们包括重量、长度、材料类型或其他常量等属性。

零件属性代表定义块中其他块的实例，展示了系统或组件的构成。它们根据区块的组成成分来描述区块的内部结构。

属性隔层提供了对块的全面描述，如物理构成和描述性特征。这使得系统组件的详细表述成为可能，为分析、设计和验证活动提供了便利。

（2）图形路径

在 SysML 中，图形路径表示块的属性（部分）或端口之间的关系，展示系统的不同部分是如何连接或交互的。本文将解释以下四种关联。

1）零件关联。图 3-39 显示了零件关联的表示。

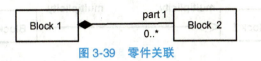

图 3-39　零件关联

零件关联通过显示拥有块中的零件（其他块的实例）来表示。这通常在块定义的零件隔层中进行，其中列出了每个部件的名称和类型（定义该部件的块）。图形表示法可能包括一条连接零件和块的线，在靠近包含块的末端有一个实心菱形，以表示构成关系。这个图形符号强调了组成部分与拥有块之间的组成关系，即组成部分是拥有块不可分割的一部分。

零件关联定义了块是如何分解成其组成元素的，表明了系统的内部结构和组织。这种构成关系对于了解系统的构成、明确系统包含哪些组件以及这些组件如何为系统的整体功能做出贡献至关重要。通过组成零件关联，系统工程师能够清晰地看到系统是由哪些具体零件组成的，以及这些零件是如何相互作用的。

BDD 中的零件关联通常在内部框图（IBD）中进一步详细说明，内部框图显示了块内部件之间的交互和连接。这种分层方法允许在 SysML 中对系统的结构和行为进行建模。零件关联是构建详细且准确的系统模型的基础，它允许工程师和设计师可视化、分析和交流定义系统结构和运行的复杂关系和依赖关系。

2）引用关联（Reference Association）。图 3-40 展示了引用关联的表示方法。

图 3-40　引用关联

引用关联通常表示连接两个块的实线，其中一端带有一个指向供应商区块的开放箭头。箭头表示关系的方向，表明客户块引用了供应商块。可以使用标签或定型来进一步描述关联的性质，从而为一种关系建模，在这种关系中，一个块（客户）需要访问另一个块（供应商）提供的功能或属性，但又不拥有或包含供应商块。这种关系有助于描述不适合组成层次结构的使用、依赖或交互。

引用关联可模拟系统组件之间的交互，如访问另一组件提供的服务、共享数据或指定不同系统部件进行通信的接口。它们对于捕捉系统中组件需要与其他组件交互但不形成严格层级关系的互联特性至关重要。

SysML 支持几种类型的引用关联。其中一种表示一个块使用另一个块或其特征。一种更普遍的关联形式表示一个块依赖于另一个块，通常用于表示一个块的配置或行为可能会影响另一个块。这种关联也可用于接口实现，指定一个块实现一个接口，定义一个其他块可以依赖的交互契约。

3）共享关联。图 3-41 显示了共享关联（Shared Association）的表示。

共享关联可以用连接两个块的线表示，这条线通常没有表示组成的实菱形端。相反，它可能使用一个开放的菱形来表示聚合（一种比组合更弱的关联形式）或者根本不使用特定的标记，只是表示块之间的引用或链接。

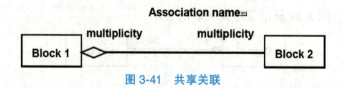

图 3-41 共享关联

在共享关联模型的情况下,一个块利用或引用另一个块,并不意味着强大的所有权、独占使用或生命周期依赖性。这种关系适用于表示多个系统部件可以使用的共享资源、服务或组件,这些资源或组件可以被系统多个部分使用。

与零件关联一样,共享关联也可以指定多重性来指示可以与块关联的共享块的实例数量。这方面对可能存在并发使用或连接数量限制的共享资源或服务进行建模是有益的。

当单个实体不拥有组件或服务,而是可用于系统的各个部分时,共享关联是有益的。示例可能包括共享数据库、公用程序服务或软件体系结构中的公共基础设施元素,或硬件系统中的共享物理资源。

4)泛化。图 3-42 显示了泛化的表示。

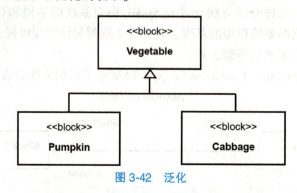

图 3-42 泛化

泛化关联在视觉上由连接子块和父块的实线表示,通常以指向父块的大空心三角形结束。这种图形表示法与 UML 和其他建模语言一致,且提供了继承关系的明确指示。泛化关联的主要目的是使块之间共享公共特征。子块通过继承获得父块的所有属性、行为和关系,然后可以进行扩展或专门化。此机制支持 DRY(不要重复自己)原则,允许系统建模人员定义一次共有特性,并跨多个系统部件重用它们,从而避免重复工作,提高建模的效率和模型的一致性。

(3)演员

图 3-43 展示了"演员"块。

图 3-43 演员

(4)值类型

值类型指定了块可以保持的值,例如,重量、长度或任何可测量或可描述的特征。值类型通常与度量单位一起使用来指定块的物理属性。

图 3-44 展示了模型库的原始值类型软件包。

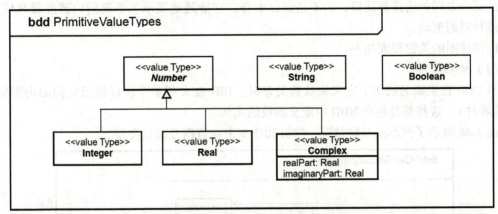

图 3-44　模型库的原始值类型软件包

图 3-45 显示了位置和速度的值类型。

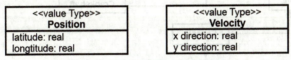

图 3-45　位置和速度的值类型

模块定义图的用途和应用如下：

（1）系统架构可视化

BDD 提供了系统结构的高级概述，使理解组件如何组合在一起变得更容易。BDD 通过图形化展示系统组件、它们之间的关系以及组件的内部结构，帮助系统工程师和设计师快速掌握系统的大致布局和工作原理。

（2）组件定义

它们明确地定义了哪些组件是系统的一部分及其特征。这包括组件的属性、操作、组成部分、参考和价值类型等。通过在 BDD 中详细列出这些信息，系统工程师能够确保每个组件的设计和实现都符合整体系统的需求和架构。

（3）模块化和可重用性

通过将系统组件定义为块，BDD 促进了模块化和跨不同模型或系统的块的重用。这不仅简化了系统设计，还提高了组件的可移植性和可维护性，降低了系统开发和维护的成本。

（4）通信工具

BDD 是工程师、利益相关者和其他团队成员之间的有效沟通工具，为描述系统体系结构提供了一种清晰而简明的方法。BDD 让所有参与者对系统设计有共同的理解，从而减少误解和沟通障碍，支持团队协作和决策制定。

模块定义图在系统工程中是很基础的，因为它捕获了系统中的概念和关系，构成了更详细的系统分析和设计的基础，包括组件的内部配置（在内部模块图中描述）和系统的行为（通过其他 SysML 图建模）。

3. 内部模块图（IBD）

系统建模语言（SysML）中的内部模块图（IBD）提供了在模块定义图（BDD）中定义

的块的内部结构的详细视图。它显示了块内的零件是如何连接并与外部实体交互的。IBD 关注块的部分之间的连接和接口,而不是部分本身,它清楚地展示了系统的内部配置和信息、能量或材料的流动。

内部块图的关键要素如下:

(1) 块和零件

当 BDD 在更高的层次上定义块及其关系时,IBD 放大到单个块以显示它们的内部组件(称为零件)。这些部分是在 BDD 中定义的块的实例。

图 3-46 显示了汽车的分解情况,气缸和活塞来自直四发动机类型。

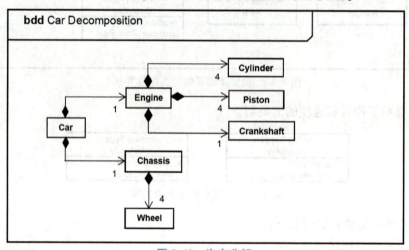

图 3-46　汽车分解

图 3-47 显示了一个描述汽车内部结构的内部块图。

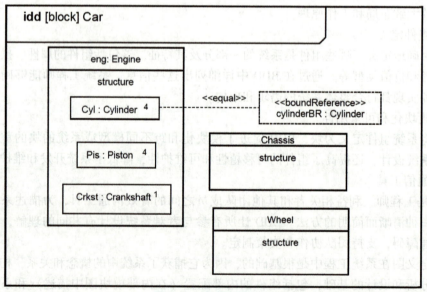

图 3-47　汽车内部结构

(2) 连接器

连接器描述了各部件通过其端口相互作用的路径。它们可以表示各种类型的交互作用,如数据通信、能量传输或物理连接。

在图 3-47 中，与气缺相关的两个块通过绑定连接器连接。由此连接器连接的两个属性具有相同的值。

（3）端口

部件边界上的端口表示发送或接收信息、能量或材料的交互点。接口可以键入端口，从而指定可能发生的交互的类型。

1）标准端口。图 3-48 显示了标准端口。

图 3-48　标准端口

2）流端口。图 3-49 显示了流端口，有 3 种类型的流端口。

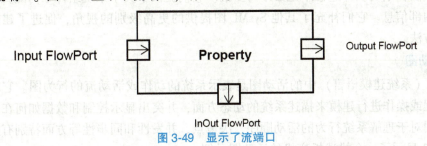

图 3-49　显示了流端口

（4）流属性

这些指定流的方向（入、出或向外）和类型（如电子、数据或流体），可以通过一个端口，更精确地定义交互。

（5）项目流

项目流可以应用于连接器，以指定零件之间的流（如数据、电力、水）。项目流进一步详细说明了系统组件之间的交互和依赖关系的性质。

图 3-50 显示了流特性，图 3-51 显示了项目流程。

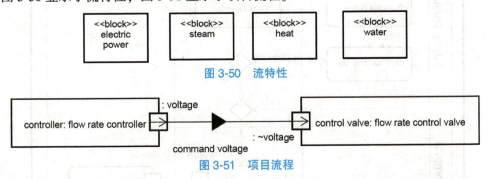

图 3-50　流特性

图 3-51　项目流程

（6）属性值

在块中定义的属性值（或值属性）可以显示在 IBD 中，以指定零件的特定值或状态，从而增强图的信息丰富性。

内部块图的目的和用途如下：

(1) 系统内部配置

IBD 提供了系统组件内部组织以及它们如何交互的清晰视图，这对于理解系统集成和行为至关重要。

(2) 接口与交互作用分析

通过详细介绍接口和连接，IBD 有助于分析组件是如何实现的沟通和互动，这对于确保兼容性和功能的一致性至关重要。

(3) 设计验证

工程师使用 IBD 检查连接和交互的一致性和完整性，从而验证系统的设计将满足其要求。

(4) 故障排除和优化

内部系统交互的详细表示使 IBD 在识别系统设计中的潜在问题、低效率或优化机会方面很有价值。

内部块图在系统设计过程中是必不可少的。它们提供了关于系统组件如何配置和一起工作的详细内部信息。它们补充了其他 SysML 图提供的更高级别的视角，促进了建模复杂系统的全面方法。

4. 活动图

SysML（系统建模语言）中的活动图是表示系统的动作或活动流的行为图。它通过对工作流、流程或操作进行建模来描述系统的动态方面，并突出显示控制和数据如何在系统中移动。活动图对于理解系统行为的活动顺序、决策点、并发性和同步性等方面特别有用。

图 3-52 显示了一个描述折弯机的活动图示例。

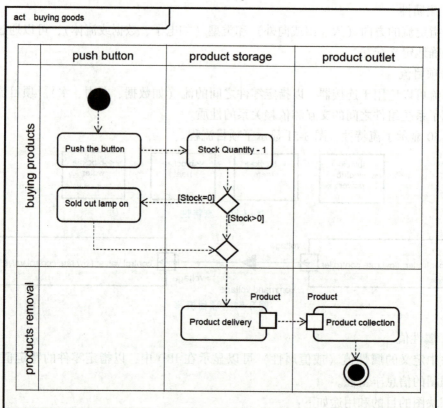

图 3-52　描述折弯机的活动图示例

在图 3-52 中，活动图的关键要素如下所示。

1）初始节点。实心圆表示活动流的起点，如图 3-53 所示。

2）活动。系统中的特定操作或功能，如图 3-54 所示。活动可以被分解成更精细的粒度的行动。

图 3-53　实心圆　　　　图 3-54　活动

3）控制流。连接动作或活动的箭头，如图 3-55 所示。显示它们发生的顺序。

4）对象流。描述动作之间的对象或数据流，如图 3-56 所示。图中显示了如何输入数据和从动作输出数据。另一个描述如图 3-57 所示。

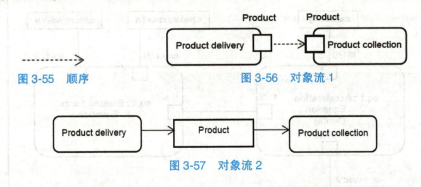

图 3-55　顺序　　　　图 3-56　对象流 1

图 3-57　对象流 2

5）决策节点。菱形符号表示流可以根据条件或保护表达式而发散的决策节点，如图 3-58 所示。

6）合并节点。多个流汇聚到一个单个向前流的点，通常跟随决策节点，如图 3-59 所示。

7）最终节点。带边框的实心圆表示活动流的结束，如图 3-60 所示。

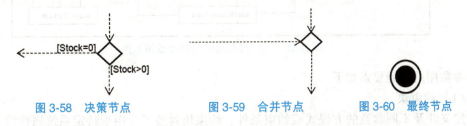

图 3-58　决策节点　　　　图 3-59　合并节点　　　　图 3-60　最终节点

8）分区（可选）。它们有时用于将由同一组织单位或系统组件执行的活动或操作进行分组。活动图的具体用途如下：

① 过程建模。活动图非常适合为业务或操作过程建模，它显示了所涉及的步骤及其顺序。

② 系统功能。它们可以表示系统或组件的功能，并详细说明如何执行任务。

③ 工作流分析。分析和优化工作流，识别潜在的瓶颈，从而提高流程效率。

④ 决策建模。帮助可视化决策逻辑和基于特定条件可能采取的不同路径。

⑤ 并发系统。活动图可以模拟并发系统的行为，显示系统的不同部分如何并行操作。

SysML 中的活动图提供了一种灵活的方法来为系统的动态行为建模，它提供了对驱动系统功能的过程的洞察。活动图是系统工程师和利益相关者在整个开发生命周期中沟通、分析和完善系统行为的有价值的工具。

5. 参数图

系统建模语言中的参数图（SysML）是一种专门类型的图，用于定义和分析系统内的定量关系，如物理属性或性能度量之间的约束。

它允许建模系统组件的不同参数之间的数学关系和依赖关系。参数图有助于支持工程分析，使系统性能的评估、设计参数的优化和系统需求的验证成为可能。

图 3-61 显示了一个描述汽车动力学的参数图示例。

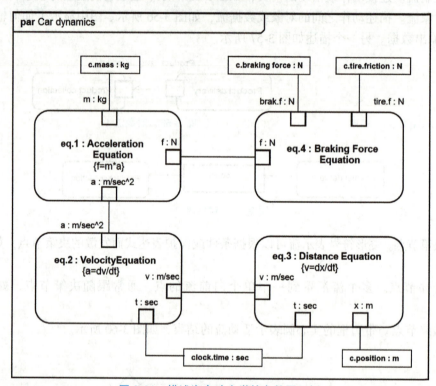

图 3-61 描述汽车动力学的参数图示例

参数图的关键要素如下：

（1）约束块

定义涉及不同参数的方程式或约束条件。约束块封装了应用于特定系统属性的数学关系或规则（参数）。图 3-62 显示了一个约束块。

（2）参数

参数是数学关系中涉及的变量或常数，表示为约束块的属性。参数可以是系统内的任何可量化的东西，如物理尺寸、电气性能、材料性能或性能指标。

（3）绑定

约束块中的参数与块定义图（BDD）或内部块图（IBD）中的块

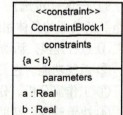

图 3-62 约束块

或部件的属性之间的连接指定了方程中的参数与系统组件的特定属性之间的关系。图 3-63 显示了图 3-62 中的一个绑定。（应详细备注该图参数与特定属性具体的关系）

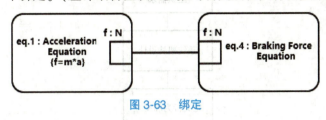

图 3-63 绑定

参数图的用途如下：

（1）工程分析

参数图通过允许工程师探索系统一部分的变化如何影响其他部分来促进各种类型的分析，如性能分析、优化和权衡研究。

（2）设计验证

通过定义和分析系统参数之间的关系，工程师可以验证系统在不同条件下是否满足其要求和性能指标。

（3）系统优化

识别关键参数及其相互作用可以使系统设计进行优化，以提高性能、成本效益或其他期望的特性。

（4）需求验证

参数图可以直接将系统的性能参数与需求联系起来，通过定量分析来证明系统满足其规定的要求，从而支持验证过程。

参数图通过指定包含数学方程或表达式的约束块来工作。然后，通过将约束块中的参数绑定到系统组件，可以将这些约束应用到系统的特定部分。这就创建了一个可量化的关系网络。

在 SysML 中使用参数图为系统建模增加了一个强大的维度，允许将定量分析直接集成到基于模型的系统工程（MBSE）过程中。这种能力使 SysML 成为一个有效的工具，可以用来描述和记录系统设计，并通过严格的分析来驱动设计决策。

3.3.4 系统建模语言（SysML）案例研究

本节将深入探讨 SysML 在汽车巡航控制系统开发中的一个案例研究，以展示如何利用 SysML 来阐明系统需求、促进沟通并优化设计流程。

1. 背景和示例概述

一家领先的汽车制造商正致力于研发一款创新的巡航控制系统，该系统不仅能自动维持预设速度，还能确保与前车的安全距离。在这一项目中，SysML 的使用旨在清晰表达复杂的系统需求，加强项目团队与各利益相关者之间的沟通。

2. 使用 SysML 的设计和开发流程

我们希望按照以下方式解释和使用 SysML 的设计和开发流程，如图 3-64 所示。

（1）初始阶段：收集和组织需求

使用需求图从所有利益相关者那里收集和组织需求。明确每个需求的优先级和彼此之间的关系。

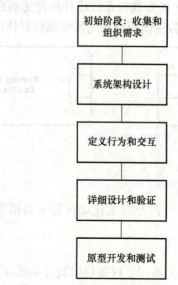

图 3-64 使用 SysML 的设计和开发流程

(2) 系统架构设计

使用 BDD 和 IBD 设计系统的基本结构,并定义关键组件及其交互以构建其整体架构。

(3) 定义行为和交互

使用活动图和序列图定义系统的运行流程和组件之间的消息交换,使系统的运行逻辑变得透明。

(4) 详细设计和验证

使用状态机图定义每个组件的详细运行状态及其转换条件。这种设计和验证允许您验证系统运行的正确性和一致性。

(5) 原型开发和测试

根据 SysML 模型开发原型。根据模型创建测试场景以验证系统的行为。

3. SysML 图的选择

本案例中选用了 5 种 SysML 图来支持系统的设计和开发,这些图分别是需求图、模块定义图(BDD)、活动图、序列图和状态机图。

(1) 需求图

可以用来细化并展示巡航控制系统的关键需求及其相互关系。例如,保持速度、保持安全距离和用户界面的可用性。需求图显示了每个需求之间的关系以及如何影响整个系统。

(2) 模块定义图(BDD)

明确系统主要组件及其属性、操作和相互关系。例如,传感器块、控制单元、用户界面、执行器等。模块定义图定义了每个块的属性、操作和交互。

(3) 活动图

展示系统运行流程,阐明状态转换和决策点。例如,可以展示驾驶员打开巡航控制时的流程,并阐明状态转换和决策点,以便理解系统的运行逻辑。

(4) 序列图

揭示系统组件间的动态交互和消息传递流程。例如,可以展示检测到前方车辆时传感器、控制单元和执行器之间的消息流。

(5) 状态机图

描述系统或组件的状态转换及其条件。例如，可以展示巡航控制系统的状态（关闭、等待、激活、错误等）以及各自状态之间的转换条件。

4. 为巡航控制系统开发 SysML 图

(1) 巡航控制系统的需求图

要创建需求图，请按照以下步骤进行：

步骤1　确定需求：首先，我们将确定所有巡航控制系统的需求，包括功能需求、非功能需求、用户需求等。

步骤2　需求分类：接下来，对您已识别的需求进行分类。例如，您可以按功能需求、非功能需求、接口需求、安全需求等方式对其进行分类。

步骤3　需求细化：对于每个请求，定义更详细的子声明。例如，在"速度控制"请求下，定义"保持设定速度""速度调整"等详细需求。

步骤4　配置需求图：SysML 需求图显示了需求的层次结构及其之间的关系。

① 关键需求定义了巡航控制系统的总体需求，此需求旨在保持系统以设定速度运行。

② 派生需求是速度控制和安全。加速和减速从速度控制需求中派生出来，保持距离和故障警告从安全需求中派生出来。

③ 速度控制表明系统保持设定速度，并可以加速和减速。加速要求系统根据驾驶员的操作加速车辆。减速要求系统根据驾驶员的操作减速车辆。安全要求系统保持安全跟车距离并在发生异常时发出警告。保持距离要求前方车辆保持安全距离。故障警告要求在系统检测到异常时发出警报。

通过创建需求图，您可以直观地组织巡航控制系统的需求并阐明关系。这有助于系统开发中的需求管理，并加深利益相关者之间的共同理解。

图 3-65 显示了巡航控制系统需求图的示例，此需求图包括以下描述。

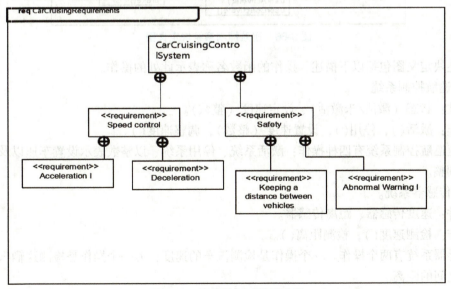

图 3-65　巡航控制系统需求图

(2) 巡航控制系统的模块定义图（BDD）

BDD 显示了系统的组件（块）及其关系。以下是创建块定义图的程序和具体示例。创建块定义图的步骤如下。

步骤 1 确定系统的关键组件：确定巡航控制系统的关键组件（块）。如传感器、控制单元、用户界面、执行器等。

步骤 2 定义块之间的关系：定义每个块之间的关系。如：控制单元从传感器接收数据并控制执行器。

步骤 3 为每个块定义属性和操作：定义每个块的部件、属性和操作。

图 3-66 是一个巡航控制系统块定义图的具体示例。

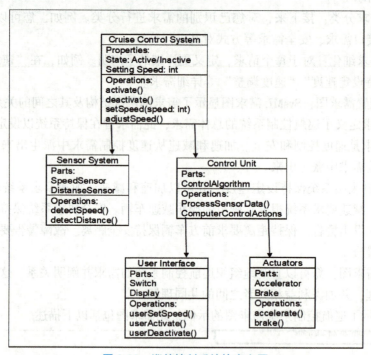

图 3-66 巡航控制系统块定义图

上述块定义图包括以下描述，操作的函数名称表示此处的操作。

1）巡航控制系统。

属性：状态（激活/未激活）、设定速度（整数）。

操作：激活( )，停用( )，设置速度（整数），调整速度( )。

定速巡航控制系统有四种操作：激活系统、停用系统、以整数表示设置车速以及围绕设置车速调整。

2）传感器系统。

部件：速度传感器、距离传感器。

操作：检测速度( )，检测距离( )。

传感器系统有两个操作。一个操作是检测汽车的速度；另一个操作是检测这辆汽车与前方汽车之间的距离。

3）控制单元。
部件：控制算法。
操作：处理传感器数据()，计算控制动作()。
该单元的操作是处理传感器数据和计算控制动作。
4）用户界面。
部件：开关、显示屏。
操作：用户设定速度()，用户激活()，用户停用()。
用户界面包括开关和显示部分。
5）执行器。
部件：加速器、制动器。
操作：加速()、制动()。
执行器包括加速器和制动器。

BDD 显示了巡航控制系统的主要组件及其关系。这使得获得系统的完整视图更加容易。具体来说，BDD 清晰地定义了每个块的属性和操作，以便具体了解系统的功能。BDD 还使用箭头显示了每个块之间的关系（数据交换和控制流），使得系统中的交互可视化。创建这样的块定义图清晰地指示了巡航控制系统的组件以及它们之间的相互关系，使得设计和理解系统更加容易。

(3) 巡航控制系统的活动图

巡航控制系统的活动图是用于可视化表示系统的操作流程和过程的工具。以下是创建活动图的步骤和具体示例。

步骤 1　确定关键活动：确定巡航控制系统的主要活动，如系统启动、速度设定、速度调整、停止等。

步骤 2　确定活动顺序和流程：确定活动将执行的顺序及其之间的流程。

步骤 3　添加条件分支和并行处理：如果有条件分支或并行性，可以添加到活动图中。例如，根据驾驶员的操作进行分支，根据传感器数据进行分支等。

步骤 4　设置起始和结束点：明确流程的起始和结束点。

以下是巡航控制系统活动图的具体示例，如图 3-67 所示。

1）系统开始，指示流程的起始点。
2）启动巡航控制，激活巡航控制系统的活动。
3）设置速度，设定驾驶员所需的速度。
4）判断巡航控制是否激活？检查巡航控制是否激活，如果没有激活，则停止系统。
5）开始速度调整，系统将开始调整速度。
6）保持速度，保持设定的速度。
7）监控距离，监控与前方车辆之间的距离。
8）判断距离是否安全？检查跟随距离是否安全，如果不安全，就踩制动器。
9）踩制动器，踩制动器以保持安全距离。
10）停用巡航控制，停止巡航控制系统。
11）系统结束，指示流程的终点。

活动图提供了系统操作流程和过程的可视化表示，有助于掌握整体流程。活动图中显示了重要的条件分支,以澄清系统的运行逻辑。此外,活动图清楚地说明了流程的起始和结束点,明确了活动的范围。以这种方式创建活动图清晰地显示了巡航控制系统的操作流程,并使系统设计和理解更加容易。

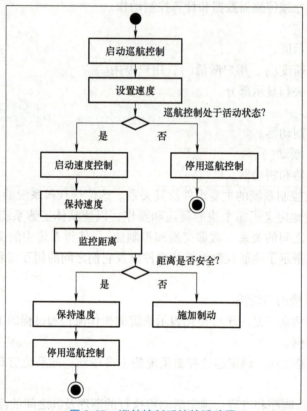

图 3-67　巡航控制系统的活动图

(4) 巡航控制系统的序列图

巡航控制系统的序列图显示了系统组件(参与者和组件)沿时间轴的动态交互。以下是创建序列图的步骤和具体示例,创建序列图的步骤如下:

步骤 1　确定关键参与者和组件:确定要包含在序列图中的关键参与者(如驾驶员)和组件(如传感器系统、控制单元、执行器、用户界面)。

步骤 2　选择场景:选择您想要表示的具体场景,例如,激活巡航控制、设定速度、调整速度、停止等。

步骤 3　定义消息流:定义参与者和组件之间随时间发送和接收的消息流。

步骤 4　设置开始和结束:明确场景的开始和结束。

以下是一个巡航控制系统序列图的具体示例,如图 3-68 所示。

示例涵盖了激活和加速、保持速度以及停止巡航控制的场景。此序列图描述包括以下内容:

1) 驾驶员。一个激活巡航控制、设定速度和停止系统的参与者。

2) 用户界面。一个接收驾驶员输入并向控制单元发送指令的组件。

3) 控制单元。一个处理巡航控制主要逻辑并与传感器系统和执行器协调以调整速度的组件。

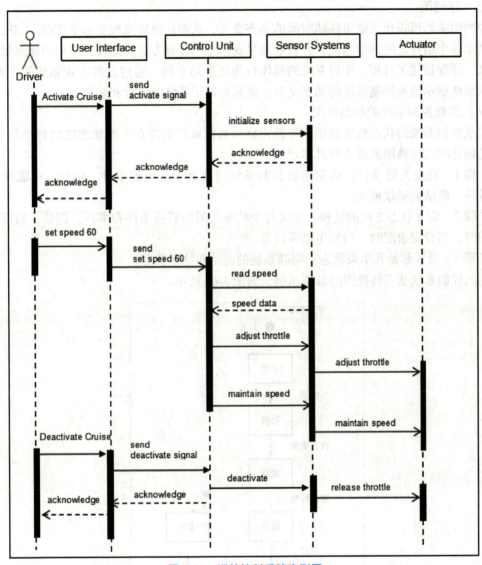

图 3-68 巡航控制系统序列图

4)传感器系统。一组测量车辆速度和与前方车辆距离的传感器。

5)执行器。控制油门和制动器的组件。

场景流程如下。

步骤1 激活巡航控制：驾驶员通过用户界面激活巡航控制，用户界面向控制单元发送启动信号；控制单元初始化传感器系统。

步骤2 设定速度：驾驶员通过操作用户界面输入设定速度；用户界面向控制单元发送速度设定信号；控制单元从传感器系统获取速度数据并调整速度。

步骤3 保持速度：控制单元控制执行器以保持设定速度。

步骤4 巡航控制停止：驾驶员操作用户界面并停止巡航控制；用户界面向控制单元发送停止信号；控制单元停止传感器系统和执行器。

（5）序列图

序列图能够可视化系统组件随时间的动态交互,从而使整体流程更易于理解。它能够清晰地展示各个组件之间的消息流,并直观地呈现信息的传递方式。此外,序列图还聚焦于特定场景,详细描述了过程,使得系统的具体行为更容易掌握。通过这种方式创建的序列图,可以明确地展示巡航控制系统的动态交互,进而有助于系统的设计和理解。

（6）巡航控制系统的状态机图

巡航控制系统的状态机图是用于可视化显示系统或其组件在不同状态之间转换的工具。以下是创建状态转换图的步骤和具体示例。

步骤 1　确定关键条件：确定巡航控制系统可能处于的关键条件,例如,可能处于关闭、等待、激活或错误模式。

步骤 2　定义状态之间的转换：定义每个状态之间的转换条件和事件,例如,当按下启动按钮时,当设定速度时,当发生错误时等。

步骤 3　设置起始和结束状态：明确系统的起始和结束状态。

巡航控制系统状态转换图的具体示例,如图 3-69 所示。

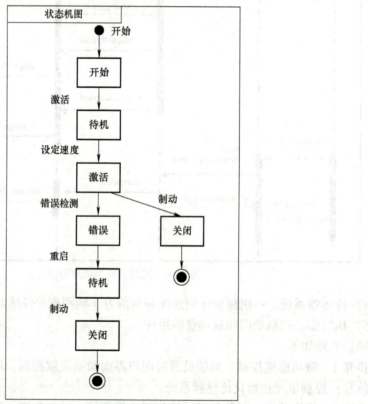

图 3-69　巡航控制系统状态转换图

此状态机图描述包括以下内容：

1）开始。系统的初始状态。
2）关闭。巡航控制系统关闭。
3）待机。巡航控制已激活,但尚未设定速度。

4）激活。巡航控制已启用，正在保持设定速度。

5）错误。系统遇到错误的状态。

6）制动。为安全起见，应用制动器。

状态转换的条件如下：

1）激活：当驾驶员激活巡航控制时，车辆转换到待机状态。

2）设定速度：当驾驶员设定速度时，转换为激活状态。

3）错误检测：当系统发生错误时，进入错误模式。

4）重置：如果错误被重置，返回到待机状态。

5）停用：当驾驶员停止巡航控制时，转换为关闭状态。

状态机图提供了系统行为和状态变化的可视化表示，明确了每个状态的含义和转换条件，还清晰地定义了触发状态转换的特定条件和事件。此外，状态机图清楚地显示了系统的起始和结束状态，使整个流程更容易理解。以这种方式创建的状态图清晰地显示了巡航控制系统的状态转换过程及其条件，使系统的操作更容易理解和设计。

通过 SysML 的运用，项目团队能够创建一个全面的系统模型，该模型不仅促进了对复杂系统的理解，还加强了团队协作和沟通。SysML 的直观图和严格的方法论为巡航控制系统的开发提供了坚实的基础，确保了设计的准确性和项目的高效推进。

3.4 模拟仿真

3.4.1 基于模型的系统工程中的仿真

在基于模型的系统工程（MBSE）中，工程仿真软件在设计、分析和验证复杂系统生命周期的不同阶段中起着至关重要的作用。MBSE 是一种使用模型而不是传统文档作为信息交换的主要手段的方法。这种方法侧重于创建和利用领域模型，并将其作为工程师之间信息交换的主要手段，而不是依赖于传统的基于文档的信息共享。其目的是提高工程过程的质量、可靠性和效率。MBSE 中的工程仿真软件有以下目的：

1. 与系统模型集成

允许将详细的仿真模型与更广泛的系统模型进行集成。此集成支持评估子系统更改或组件如何影响整体系统性能。

2. 启用早期验证

通过仿真，工程师可以根据设计的早期阶段的需求来验证系统的性能和行为。这种早期验证有助于识别潜在问题，并更快地做出明智的决定。

3. 支持设计优化

仿真软件允许在系统模型的上下文中设计备选方案。在构建物理原型之前，工程师可以模拟各种场景，以优化系统的性能、效率和可靠性。

4. 促进了跨学科的协作

MBSE 结合了仿真软件，能够促进不同工程学科之间的协作。通过在一个统一的建模框架内工作，团队可以更好地理解系统和学科之间的交互，从而实现更连贯和集成的设计。

5. 自动化系统分析

工程仿真软件在 MBSE 框架内自动化了复杂系统的分析，包括应力分析、流体动力学分析、热特性和电磁场分析。这种自动化支持设计的快速迭代和细化。

6. 预测现实场景中的系统行为

仿真有助于预测系统在各种真实条件和操作场景下的性能。这种预测能力对于设计满足所有性能标准的安全、可靠的系统至关重要。

工程仿真软件在 MBSE 的扩展超越了传统的物理仿真，包括对系统行为、操作场景和用户交互的模拟。这种整体的方法确保了系统生命周期的所有方面都在设计过程中得到了考虑和优化，从而产生更创新、高效和有效的系统。

3.4.2 工程仿真软件

工程仿真软件是工程师、设计人员和研究人员用来分析和在虚拟环境中预测材料、产品和系统的性能的工具。这些软件应用程序使用数学模型、算法和基于物理的模拟来复制真实世界的行为。其基本目的和优点如下：

1. 设计优化

在构建物理原型之前，仿真软件可以帮助改进和优化设计，以提高效率、可靠性和性能。

2. 成本降低

通过使用仿真软件，可以在设计过程的早期识别潜在的问题，从而显著降低产品开发和测试中所涉及的成本和时间。

3. 增强创新

工程师可以在一个无风险的虚拟环境中探索各种设计替代方案和创新的解决方案。

4. 风险缓解

仿真有助于预测故障，并评估组件和系统的安全性和耐久性，降低出现故障的可能。

5. 性能预测

工程仿真软件可以预测产品在各种条件下的表现，包括应力、热、流体动力学、电磁场等。

常见的工程仿真软件类型如下：

1. 有限元分析（FEA）

该软件可以预测产品对现实世界的力、振动、热、流体流动和其他物理效应的反应。

2. 计算流体动力学（CFD）

可以分析和模拟流体流动、传热和相关现象。

3. 多体动力学（MBD）

该软件用于模拟互联体组件在外力和力矩影响下的运动。

4. 电磁场模拟

该软件用于设计和分析电气和电磁装置和系统。

工程仿真软件被应用于许多行业，包括航空航天、汽车、制造、土木工程和电子产品，促进了更安全、更可靠、更高效的产品的开发。

3.4.3 离散事件系统仿真（制造数字孪生）

离散事件系统（DES）是一种精妙的动态系统，它通过捕捉和响应特定事件来实现状态的跳跃式变化。与那些状态随时间连续演变的系统相比，DES 在事件触发的瞬间实现状态的转换，提供了一种对复杂动态过程的离散化处理方式。在 DES 中，状态变化不是由时间的线性流逝所驱动，而是由一系列清晰定义的事件触发的。这些事件可以是任何形式的信号或条件，它们的到来标志着系统状态的转变。系统的状态转换遵循一套精确的规则，这些规则由过渡函数来定义，确保了状态转换的可预测性和一致性。DES 的这一特性使其成为模拟和分析那些在不同时间点经历突变的系统的理想选择。无论是在繁忙的生产线、错综复杂的通信网络、高速运行的计算机系统中，还是在繁忙的城市交通中，DES 都能提供深入的洞察和有效的控制策略。

作为数字孪生技术的重要组成部分，DES 通过精确模拟物理实体的行为，为现实世界的分析和优化提供了强大的工具。它不仅能够帮助我们理解和预测系统的行为，还能够在虚拟环境中测试不同的策略和方案，从而为现实世界的问题提供创新的解决方案。

DES 的作用如下。

1. 事件驱动建模

可以模拟由于特定事件而在离散的时间点发生状态变化的系统，如客户的到达、制造步骤的完成或数据包的发送。

2. 流程优化

通过对生产线或供应链等系统的操作进行建模，该软件可以帮助识别瓶颈、测试改进和优化工艺流程，不需要改变现实世界操作的成本和风险。

3. 容量规划

可以用于评估系统的能力需求，以满足需求波动，帮助组织规划资源、人员配备和库存水平。

4. 性能评估

离散系统仿真可以评估复杂系统在各种场景下的性能，包括峰值负载和系统故障，以确保可靠性和效率。

5. 排队理论的应用

许多离散模拟模型结合了排队理论来分析等待时间、队列长度和服务过程，这在服务行业、电信和计算机网络中至关重要。

6. 场景分析和决策支持

为场景分析提供了一个强大的工具，允许决策者评估不同的战略选择、政策变化或操作调整的影响。接下来，我们将展示一个供应链与物流优化的场景分析示例。

（1）场景

一家零售公司希望优化其供应链，以减少交货时间和成本。

（2）仿真场景

场景 A：保持当前物流网络不变。

场景 B：开设一个新的配送中心。

场景 C：实施新的配送卡车路线算法。

（3）仿真执行

场景 A：

1）模拟当前物流网络。

2）测量交货时间、成本和库存水平。

场景 B：

1）模拟新增配送中心的情况。

2）测量交货时间、成本及库存管理的变化。

场景 C：

1）模拟新的配送路线算法。

2）测量交货效率的提高和成本的减少。

（4）结果

场景 A：作为基准的交货时间和成本。

场景 B：交货时间减少，但需要较高的前期投资。

场景 C：交货时间适度减少，并显著节省成本。

（5）决策

如果关注显著减少交货时间，选择场景 B。如果关注成本节省及提高效率，选择场景 C。

这个示例展示了如何利用离散事件系统仿真来评估不同的场景，从而提供数据驱动的见解，以便做出最佳决策。

离散系统仿真软件通常具有用于模型构建的图形界面、运行模型的仿真引擎，以及用于分析和可视化结果的工具。通过该软件，分析人员和工程师能够创建他们的系统的详细模型，运行模拟来预测这些系统在各种条件下将如何运行，并利用所获得的见解来对设计、规划和操作策略做出明智的决策。

为了满足大学教学和使用目的，需要的软件不仅要功能强大，而且要拥有教育资源，例如带有教程或者支持初学者。下面显示了一些流行的选项。

1. GPSS/H

这是仿真领域的一个经典软件。GPSS（通用仿真系统）是一种专门为离散系统设计的仿真语言。GPSS 的分层版本 GPSS/H 提供了一个扩展的特性集，更为传统，需要理解模拟编程，可以提供对模拟力学的深入研究。

（1）示例

以下是一个简单的 GPSS/H 程序示例，该示例模拟了一个基本的排队系统，类似于客户服务场景。

```
****************** 代码开始 ******************
SIMULATE
GENERATE 5;Customers arrive every 5 minutes
QUEUE CUSTOMER_QUEUE;Customers join the queue
SEIZE SERVER;Seize the server resource
```

```
DEPART CUSTOMER_QUEUE;Customer leaves the queue
ADVANCE 10;Server takes 10 minutes to serve the customer
RELEASE SERVER;Release the server resource
TERMINATE 1;Customer leaves the system
SERVER STORAGE 1;Define a single server
START 100;Run the simulation for 100 time units
****************代码结束******************
```

（2）解释

上述代码的解释如下：

1）GENERATE 5：客户每 5min 到达系统一次。

2）QUEUE CUSTOMER_QUEUE：客户到达时，加入名为 CUSTOMER_QUEUE 的队列。

3）SEIZE SERVER：客户占用服务器资源，表示开始服务。

4）DEPART CUSTOMER_QUEUE：客户离开队列，表明他们正在接受服务。

5）ADVANCE 10：服务器需要 10min 来服务客户。

6）RELEASE SERVER：服务完成后，释放服务器资源。

7）TERMINATE 1：客户离开系统。

8）SERVER STORAGE 1：定义一个可用于服务客户的单一服务器。

9）START 100：运行仿真 100 时间单位。

（3）输出分析

在运行仿真之后，GPSS/H 将提供一个报告，详细列出各种统计数据，如平均队列长度、服务器利用率以及客户在系统中花费的时间。这些数据有助于了解系统的性能，并识别潜在的瓶颈。

这种仿真模型在考虑服务导向场景中的效率和客户流动时特别有用，在组织生产线时也同样重要，因为在这些情况下，时间和资源分配至关重要。

2. Arena Simulation Software

罗克韦尔自动化公司开发了这个软件。Arena 被明确地设计为模拟离散事件系统并被广泛应用于运筹学、制造和服务系统的课程中。Arena 主要以其用户友好的界面和广泛的文档而闻名，这也使其成为教育的好选择。

例如，我们将模拟一个过程，其中两个不同的零件到达后组装成最终产品，然后最终产品在完成之前进行检验。

利用 Arena 的示例模型布局建立一个小型装配系统，图 3-70 显示了 Arena 的建模环境。

构建 Arena 模型的具体步骤如下：

步骤 1　打开 Arena 并创建新模型：打开 Arena，选择文件中的 "New" 创建一个新模型。

步骤 2　添加零件创建模块：创建零件 A 的模块：从 "Basic Process Panel" 中拖动 "Creat" 模块到模型窗口，双击 "Creat" 模块以编辑其属性。

名称：Create Part A。

实体类型：Part A。

到达时间间隔：类型（指数）、值（5）、单位（分钟）。

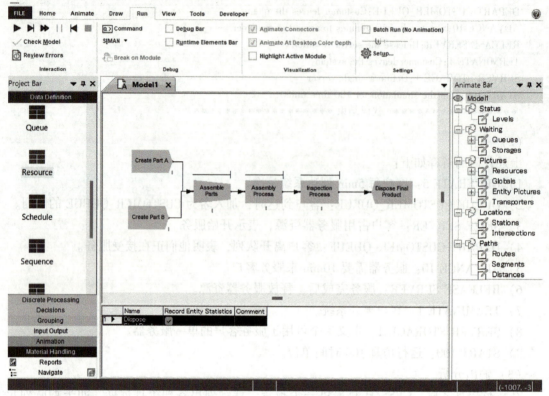

图 3-70　Arena 的建模环境

创建零件 B 的模块：从"Basic Process Panel"中拖动另一个"Creat"模块到模型窗口，双击"Creat"模块以编辑其属性。

名称：Create Part B。

实体类型：Part B。

到达时间间隔：类型（指数）、值（5）、单位（分钟）。

步骤 3　添加装配和检验的处理模块：

① 装配过程的模块：从"Basic Process Panel"中拖动"Process"模块到模型窗口，双击"Process"模块以编辑其属性。

名称：Assembly Process。

操作：占用、延迟、释放。

资源：点击"Add"以添加一个名为"Assembler"的资源，容量为 1。

延迟类型：常量、值（10）、单位（分钟）。

② 检验过程的模块：从"Basic Process Panel"中拖动另一个"Process"模块到模型窗口，双击"Process"模块以编辑其属性。

名称：Inspection Process。

操作：占用、延迟、释放。

资源：点击"Add"以添加一个名为"Inspector"的资源，容量为 1。

延迟类型：常量、值（5）、单位（分钟）。

步骤 4　添加最终产品的处理模块：处理最终产品的模块。

从"Basic Process Panel"面板中拖动"Process"模块到模型窗口，双击"Process"模块以编辑其属性。

名称：Dispose Final Product。

步骤 5　添加批量模块以组合零件：批量模块。

从"Advanced Process"中拖动"Batch"模块到模型窗口，双击"Batch"模块以编辑其属性。

名称：Assemble Parts。

批量大小：2。

批量类型：永久。

实体类型：Final Product。

步骤 6　连接模块：将创建部件 A 模块和创建部件 B 模块连接到批处理模块，并将批处理模块连接到装配流程模块，将装配流程模块连接到检验流程模块，最后将检验流程模块连接到最终产品处理模块。

步骤 7　定义资源：在基本流程面板中，点击资源。添加一个名为装配工（Assembler）的资源，容量为 1。添加一个名为检验员（Inspector）的资源，容量为 1。

步骤 8　设置仿真：进入"运行>设置"。将重复长度设置为 100min（或任何期望的仿真时间）。

步骤 9　运行仿真：点击运行按钮或进入"运行>开始"。观察动画，确保部件到达，以及被装配、检验并处理。

步骤 10　分析结果：仿真结束后，进入"报告>实体"查看详细统计数据。检查平均等待时间、装配工和检验员的利用率，以及系统中总的时间等统计数据。

这个基础模型展示了 Arena 中装配系统的基本概念。通过使用创建、批处理、流程和处理模块，可以模拟部件的到达、装配成最终产品、检验及完成。可以通过添加更复杂的功能，如多条装配线、不同的检验标准或额外的决策点，来扩展和定制该模型。Arena 的灵活性允许根据特定需求来建模各种系统。

在接下来的部分中，我们将介绍其他离散事件系统建模与仿真软件。我们可以将这些软件视为工具箱中的不同工具，每款都有其独特的用途和优势。其他的常用软件包括：

1. Simul8

Simul8 广泛应用于学术界和工业界。Simul8 提供了一种可视化的方法来模拟系统和过程。这种方法适用于离散系统模拟的教学，并被应用于医疗保健、制造和物流等各个领域。

2. AnyLogic

这是一个最通用的模拟软件，支持离散事件。AnyLogic 的灵活性使其应用范围非常广泛，并且非常适用于大学的教学和研究。

3. NetLogo

NetLogo 是一个基于代理的建模的开源平台，特别适合于模拟随时间演化的复杂系统。其简单性和在网络上运行模拟的能力使其成为复杂系统、生态学、社会学和其他领域的教学和研究的优秀工具。

4. FlexSim

这个强大的 3D 仿真软件被用于建模和分析各种系统，如制造、医疗保健和材料处理。FlexSim 的视觉吸引力和直观的界面能让学生和研究人员轻松使用。

5. SimPy

适用于那些对模拟编程感兴趣的人。SimPy 是一个基于 Python 的离散事件仿真框架。对于那些想要将模拟与编程技能相结合的人来说，该软件在教学中特别有效。

6. WITNESS

该软件用于过程仿真，重点是制造和物流，允许学生建模和分析复杂的系统和过程，提供了一系列的可视化和分析工具。

这些工具在复杂性、成本和其最适合模拟的离散系统的特定方面上都有所不同。许多大学都拥有 Arena 或 Simul8 等商业软件的许可，而其他大学可能更喜欢 NetLogo 或 SimPy 等开源替代品。本节并未对这些软件进行详细介绍，如果读者对某款软件感兴趣，请访问该软件公司的网站。

3.4.4 连续系统仿真

连续系统仿真（Matlab、Scilab 等）和设计软件是一种用于建模、模拟和分析随时间不断变化的系统的工具。离散系统模拟关注的是通过特定的、独立的事件演化的系统，连续系统模拟处理的是以连续方式发生变化的系统，通常用微分方程来描述。这种类型的模拟工具在工程、环境科学和经济学等领域至关重要。在这些领域中，理解物理、自然或金融系统随时间变化的动态是必要的。

以下领域包括了连续系统仿真和设计软件的关键方面和应用。

1. 物理系统建模

连续系统仿真和设计软件用于建模和仿真物理系统的行为，如机械、电气、液压和热力系统。这些连续系统通常使用描述系统状态随时间变化率的微分方程进行建模，而软件提供了数值求解这些方程的工具，从而能够模拟复杂的系统动态。

2. 动态系统分析

该软件可以用于分析系统的稳定性和受控性能，还可以用于研究系统对外部输入、扰动或参数变化的响应，从而评估控制系统的性能。

3. 优化与控制

连续仿真软件通常与优化工具集成用于设计和调整控制系统，以确保获得所需的性能特性。

4. 流体动力学与化学过程仿真

计算流体动力学（Computational Fluid Dynamics，CFD）和化学过程仿真是化学工业中两种典型的应用，它们专注于模拟材料和流体的连续流动以及反应过程。在这一领域，通过建模和仿真技术来设计工艺流程是非常有用的方法。

连续系统仿真和设计软件通常具有一个用户友好的模型开发界面，处理微分方程的鲁棒数值求解器，以及用于分析和显示结果的可视化工具。通过深入了解系统是如何随时间的推移而发展的，该软件使工程师、科学家和分析师能够预测系统行为，从而优化性能，并在设计和操作策略方面做出明智的决策。

在大学中，无论是教学还是研究，连续系统仿真和设计软件都是必不可少的。理想的软件不仅要功能强大，还应提供丰富的学习资源，包括教程、详细文档和活跃的用户社区，以支持学习过程。以下是一些适合大学使用的关键连续系统仿真和设计工具。

1. Matlab/Simulink

Matlab 及其附加组件 Simulink 是进行数值计算、仿真以及基于模型的控制系统和信号处理设计的首选平台。Simulink 提供了一个图形化编辑器来将模型构建为方框图，使学生和研究人员得以利用。该软件广泛应用于各个工程学科。

我们将使用 Matlab 模拟质量-弹簧-阻尼系统对外力的响应，系统可通过以下微分方程描述。

$$m\frac{\mathrm{d}^2 x(t)}{\mathrm{d}t^2} + c\frac{\mathrm{d}x(t)}{\mathrm{d}t} + kx(t) = F(t)$$

式中，m 是质量，c 是阻尼系数，k 是弹簧常数，$x(t)$ 是位移，t 是时间，$F(t)$ 是外力。

我们将使用 Matlab 的 ode45 求解器对该微分方程进行数值求解。

Matlab 代码如下：

```
***************** Start of Code *****************
% Define system parameters
m = 1;        % Mass(kg)
c = 0.5;      % Damping coefficient (N*s/m)
k = 3;        % Spring constant(N/m)
F = 1;        % External force(N)

% Define time vector
tspan = [0 10]; % Time range for simulation (seconds)

% Define initial conditions [x(0),x_dot(0)]
initial_conditions = [0,0];

% Define the differential equation
% dx/dt = [x_dot; (-c/m)*x_dot - (k/m)*x + F/m]
odefun = @(t,x)[x(2);(-c/m)*x(2) - (k/m)*x(1) + F/m];

% Solve the differential equation using ode45
[t,x] = ode45(odefun,tspan,initial_conditions);
% Plot the results
figure;
subplot(2,1,1);
plot(t,x(:,1));
xlabel('Time (s)');
ylabel('Displacement (m)');
title('Displacement vs Time');
grid on;
subplot(2,1,2);
plot(t,x(:,2));
```

```
xlabel('Time (s)');
ylabel('Velocity (m/s)');
title('Velocity vs Time');
grid on;
****************End of Code******************
```

程序解释：

1）系统参数：定义了质量 m、阻尼系数 c、弹簧常数 k 和外力 $F(t)$。

2）时间向量："tspan" 指定了仿真的时间范围。

3）初始条件："initial_conditions" 指定了质量的初始位移和速度。

4）微分方程：使用匿名函数 "odefun" 定义了一阶微分方程组。该函数返回一个列向量，表示位移的导数 $\dfrac{\mathrm{d}x(t)}{\mathrm{d}t^2}$ 和加速度 $\dfrac{\mathrm{d}^2x(t)}{\mathrm{d}t^2}$。

5）ODE 求解器：使用 "ode45" 函数在指定的时间范围 "tspan" 内，结合给定的初始条件求解微分方程。

6）绘图：使用 "plot" 函数绘制质量随时间变化的位移和速度，并将结果显示在两个子图中。

运行程序步骤如下：

1）打开 Matlab 程序。

2）将程序复制并粘贴到一个新的程序文件中。

3）运行程序。

将看到图 3-71 所示的两个图。第一个图显示了质量随时间变化的位移，第二个图显示了质量随时间变化的速度。

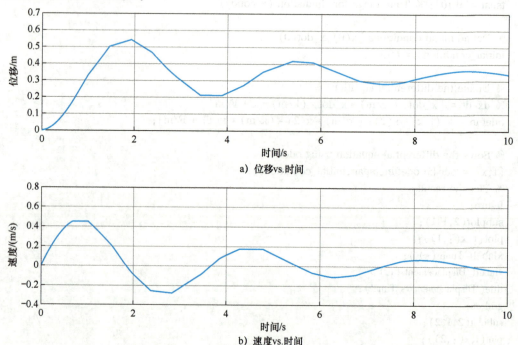

图 3-71 质量-弹簧-阻尼系统的 Matlab 仿真结果

结果分析如下：

通过分析，可以观察到质量-弹簧-阻尼系统在施加阶跃力后的瞬态和稳态响应。位移和速度曲线可以反映出系统的阻尼效应和自然频率。

该示例展示了如何使用 Matlab 对连续系统进行仿真和分析，我们可以修改参数和初始条件来研究系统的不同场景和行为。

接下来将介绍其他连续系统仿真与设计软件。此处不详细解释这些软件的内容。如果读者对某款软件感兴趣，请访问该软件公司的主页。

2. Ansys Fluent

Ansys Fluent 是计算流体动力学（CFD）模拟的一个强大的工具。其允许在复杂的几何图形中建立流体流动和传热的模型，通常用于机械、化学和环境工程课程和研究。

3. Comsol Multiphysics

Comsol Multiphysics 以其多功能性而闻名，是一个支持多物理建模的模拟软件，允许同时模拟多个相互关联的物理现象，被广泛应用于工程、物理和地球科学的教学和研究。

4. OpenModelica

作为一个开源的平台，OpenModelica 适用于建模、模拟和设计复杂的动态系统，支持连续和离散系统，并用于各种领域的教学和研究，包括控制系统、物理建模和网络物理系统。

5. Dymola（动态建模实验室）

Dymola 是一种用于建模和模拟复杂的集成和多学科系统的仿真工具，使用了模型语言，允许对物理系统进行面向组件的建模。Dymola 被广泛应用于汽车、航空航天和机器人技术等领域。

6. LTspice

LTspice 是一款高性能 SPICE 仿真软件，具有原理图捕获和波形查看器，具有增强功能，可简化模拟电路的仿真，在教育的电气工程和电路设计研究中特别流行。

7. Autodesk CFD

Autodesk CFD（计算流体动力学）提供了计算流体动力学和热模拟工具，以帮助预测设计中的流体流动和传热性能。Autodesk CFD 对用户友好，并与 Autodesk 的设计软件套件集成良好，这也使其成为机械工程教育的良好选择。

8. PSCAD/EMTDC

PSCAD/EMTDC 是一种电力系统的仿真工具，主要用于瞬态建模，被广泛应用于电气工程程序中，以模拟电路和元件在各种条件下的行为。

这些工具旨在满足各种应用程序和复杂性水平。软件的选择通常取决于课程或研究项目的具体需求和可用的预算，因为其中一些工具可能相当昂贵。许多公司为学生和教育工作者提供学术使用许可，价格优惠，甚至免费。

第 4 章　面向智能制造系统（IMS）和服务科学与服务工程的 PBL 示例

导　　读

本章致力于向读者深入介绍 PBL 的实践应用。我们首先探讨了在国际监管体系下实施的 PBL，并展示了智能制造系统的研究案例。随后，我们阐释了服务科学与服务工程的内涵，并讨论了如何将服务科学的先进理念融入 PBL 项目中，同时呈现了服务科学与服务工程领域的 PBL 实践案例。最终，我们细致地介绍了与智能制造系统紧密相关的 PBL 主题，不仅包括了协作机器人（Cobots）和群体机器人（Swarm Robots）的应用，还深入探讨了它们在项目实施中的实际运用。

本章知识点

- PBL 在智能制造系统中的应用实例
- 案例研究分析
- 服务科学与服务工程的融合
- PBL 项目的设计和管理

4.1　IMS 和服务科学与服务工程的 PBL 示例思想

本节重点介绍 PBL 的具体示例和相关主题。

4.1.1　国际监管体系下的 PBL

在国际监管体系下实施 PBL 需要综合考虑多个关键因素，以确保 PBL 项目不仅符合国际标准，而且能够满足不同学生群体的需求，并能拓宽他们的全球视野。以下是具体需要考虑的要素：

1. 与国际标准接轨

首先要确保 PBL 项目严格遵循国际教育标准分类（ISCED），这是由联合国教育、科学及文化组织（UNESCO）维护的统计框架，用于组织和分类教育信息。另外，项目中需要整合全球认可的关键能力与技能，如批判性思维、问题解决以及跨文化沟通等。

2. 融入全球视野

设计项目时，要有意识地关注全球性问题和挑战，如气候变化和可持续发展等议题，同时鼓励学生与来自世界各地、拥有不同文化背景的同伴进行合作与交流，以开拓他们的视野。

3. 满足学生的多样化需求

根据学生的不同学习风格、背景和能力，灵活调整项目内容。另外，确保项目能够适应多语言环境，并支持具有不同知识基础的学生参与项目。

4. 利用科技和数字工具

可利用视频会议、在线协作平台和虚拟学习环境等技术，促进国际协作与交流。同时可通过数字平台，为学生提供访问和共享资源的途径，以便进行研究和展示成果。

5. 确保道德和法律合规

了解并遵守国际数据保护和隐私法规，同时确保 PBL 项目在尊重文化差异和知识产权的基础上进行。

在遵循以上考量因素的前提下，PBL 的实施会面临一些挑战，具体情况如下：

1. 时区差异

挑战：需要协调不同时区的团队成员或相关人员参加会议和合作活动。

解决方案：采用异步协作工具，并制定灵活的日程安排，以适应所有参与者的时间需求。

2. 语言障碍

挑战：与使用不同语言的人员进行有效沟通存在困难。

解决方案：提供多语言支持资源，并鼓励使用翻译工具来促进沟通。

3. 资源获取

挑战：确保所有团队成员都能平等地访问必要的资源和技术。

解决方案：为技术资源受限的团队成员提供替代资源和额外支持。

通过克服这些挑战并考虑上述因素，教育机构可以在国际监管体系下有效地实施 PBL，为学生提供一个全面且深入的全球化学习体验。

4.1.2 IMS 的主要组成部分

本节将展示一些面向智能制造系统（Intelligent Manufacturing System，IMS）学习的 PBL 主题的想法来源。

1. 自动化与机器人技术

在工科大学智能制造系统研究的背景下，自动化和机器人技术方面的 PBL 主题"智能制造自动化创新"显得尤为重要。这一主题旨在通过应用尖端的机器人和自动化技术，应对现代制造业的挑战，并激励学生为工业 4.0 等前沿行业趋势做出积极贡献。以下是该主题涵盖的主要领域：

（1）协作机器人（cobots）

项目聚焦于设计和编程一款能在制造环境中与人类紧密协作的机器人。学生将开发出能够执行装配、包装或精密操作等任务的系统，在这些任务中，人与机器人的协同工作至关重要。

（2）自适应制造系统

重点在于开发能够自动适应不断变化的制造需求的机器人系统，包括模块化的机器人系统或能够根据不同类型的产品自动重新配置的机器人系统。

（3）质量控制自动化

利用机器视觉和其他传感器技术，实现制造过程中检测和质量控制的自动化。项目目标是开发出能够检测缺陷、管理质量数据或通过改进整体质量来优化工作流程的系统。

（4）供应链自动化

项目内容涵盖开发自动化系统，以加强供应链的多个环节，如自动化的库存管理系统、制造厂内自动运输车辆等物流应用系统。

（5）可持续制造实践

该领域的项目着重于探索有助于减少浪费、提高能效或在制造过程中回收材料的自动化解决方案。例如，开发优化材料使用的机器人系统或能源管理自动化系统。

学习目标的设定是教育过程中的关键环节，它指导着学生如何通过 PBL 深入掌握智能制造领域的核心技术。具体学习目标如下：

（1）人工智能与机器人技术的整合

我们的目标是引导学生学习如何将人工智能技术与机器人系统相结合，以提升生产流程的性能和效率。这种整合不仅能够增强机器人的自主性和适应性，还能为制造业带来更高的自动化水平。

（2）实时数据处理与物联网

我们着重强调物联网（IoT）在现代制造业中的核心作用，尤其是其在实时处理来自众多传感器和机器的数据方面的重要性。学生将学习如何利用这些数据优化生产流程，提高决策的准确性和响应速度。

（3）个性化和灵活性

我们鼓励学生探索设计能够高效处理定制订单和小批量生产的系统，这反映了现代制造业对大规模定制化需求的响应。通过这种方式，学生能够理解并应对个性化生产带来的挑战和机遇。

（4）道德与可持续发展

在自动化设计的过程中，我们特别强调道德和可持续性的重要性。学生将被引导思考自动化对就业、安全和环境的潜在影响，并寻求平衡技术进步与社会责任的解决方案。

通过这些学习目标，学生能够深入接触机器人和自动化领域的前沿技术，为他们应对现实世界中的制造挑战打下坚实的基础。这不仅促进了学生批判性思维、创造力和技术技能的发展，而且对于他们未来从事工程和技术职业至关重要。精心设计的项目将帮助学生深刻理解自动化和机器人技术在智能制造中的应用，并培养他们解决实际问题的能力，为工业的持续发展做出创新性的贡献。

2. 信息物理系统（CPS）

在工科大学智能制造系统研究中，以信息物理系统（CPS）为核心的 PBL 具有极高的相关性和深远的影响力。"智能工厂集成的信息物理系统"这一主题，致力于利用数字与物理元素的紧密协作，提升制造流程的智能化和效率。我们旨在使学生能够适应日益依赖数据驱动决策和自动化的现代工业环境的复杂性。以下是该主题涵盖的主要领域。

（1）智能工厂运营

项目聚焦于开发和整合 CPS，以优化制造环境的操作流程，包括实时监测和控制系统的优化、预防性维护以避免停机,以及根据生产需求和限制自动调整的动态调度系统。

(2) 物联网制造

学生将利用物联网设备设计系统,从生产流程的各个环节收集数据,进而提高生产效率、产品质量或降低能耗。项目可能包括开发用于机器健康监测的物联网传感器,或跟踪整个制造过程中材料流动的系统。

(3) 数字孪生

重点在于为制造流程或设备创建数字孪生——即物理实体的精确虚拟副本。学生将探索如何利用这些数字孪生进行操作优化、故障排除和预测性分析。

(4) 人机互动

开发先进的人机交互界面或决策支持系统,以加强操作员与机器之间的互动,包括用于维护或培训的增强现实(AR)应用,或用于操作控制的高级人机界面(HMI)。

(5) 制造业的可持续性和复原力

项目着重于开发提高制造业可持续性和复原力的 CPS 解决方案,涵盖优化能源使用、减少浪费或适应供应链中断的系统。

学习目标如下:

(1) 跨学科应用

鼓励学生跨学科整合机械工程、计算机科学和系统工程等领域的知识,构建全面的 CPS 解决方案。

(2) 利用实时数据解决问题

指导学生开发能够处理生产现场实时数据,并根据这些数据采取相应行动的解决方案。

(3) 适应性和可扩展性

学生将挑战设计能在小规模的应用系统上有效,同时能够扩展以应对更大规模、更复杂生产操作的系统。

(4) 安全与隐私

探讨在智能工厂环境中确保 CPS 系统的安全性和数据隐私保护的重要性。

本主题旨在鼓励学生将理论知识应用于实际场景,培养系统思维、创新和协作解决问题的能力,为在数字和物理系统集成相关行业中就业做好准备。通过这些精心设计的 PBL 项目,学生将能够深入理解 CPS 在智能制造中的应用,并为未来的工业发展做出创新性的贡献。

3. 工业物联网(IIoT)

在智能制造系统研究的领域中,工业物联网(IIoT)正成为推动制造业转型的关键力量。"IIoT 驱动的制造业转型"这一主题,旨在通过 IIoT 技术的集成与应用,彻底革新传统制造实践,使之更加高效、灵活,并能够迅速响应市场的变化。以下是该主题所涵盖的主要领域:

(1) 预测性维护

学生将开展项目,开发基于物联网的解决方案,以预测设备故障并预防,从而最小化停机时间和维护成本。项目将利用传感器进行状态监测和数据分析,预测设备的健康状况。

(2) 资产跟踪和管理

项目着重于创建 IIoT 系统,通过 RFID(射频识别技术)标签、全球定位系统和其他传感器技术,加强资产跟踪和库存管理,优化资源利用,减少浪费,并确保及时获取所需材料。

（3）实时生产优化

开发能够实时收集和分析数据的 IIoT 系统，以优化生产流程。项目包括自动调整生产参数以提高效率、控制产品质量或实现不同批次产品间的无缝切换。

（4）能源管理和可持续性

学生将设计 IIoT 系统，监控和管理制造工厂的能源使用，以减少能源消耗和碳足迹，推动生产实践的可持续性。

（5）加强工人安全

学生开发 IIoT 解决方案，专注于提高制造环境的安全性和人体工程学条件。项目可包括监测工人健康和环境条件的可穿戴设备，或用于执行危险任务的机器人系统。

学习目标如下：

（1）系统集成

指导学生整合传感器、设备和数据平台等组件，创建一个具有凝聚力的 IIoT 系统。

（2）数据分析和决策制定

重点研究如何分析 IIoT 系统收集的数据，并利用这些数据做出明智的决策，以改进生产流程。

（3）安全与隐私

探讨保护 IIoT 系统免受网络威胁和在工业环境中管理数据隐私的重要性。

（4）创新和创造力

鼓励学生创造性地思考 IIoT 如何解决现有制造挑战，或 IIoT 为业务开展和良好运营带来的新机遇。

这一主题不仅培养学生应对当前制造业技术进步的能力，还鼓励他们前瞻性地思考未来行业与 IIoT 技术结合的可能性。这是一种结合实践技能和理论知识的学习方法，对培养下一代制造工程师至关重要。通过这些项目，学生将获得宝贵的经验，为在快速变化的工业环境中取得成功做好准备。

4. 智能传感器和执行器

在智能制造系统的探索旅程中，"先进制造系统中的智能传感器和执行器集成"这一 PBL 主题，为学生提供了一个全面且与行业相关的学习平台。该主题激发学生深入研究如何利用智能传感器和执行器技术，打造一个更高效、响应更迅速的智能制造环境。以下是该主题的主要领域：

（1）过程优化与控制

学生将开发项目，运用智能传感器和执行器来优化制造过程。这包括创建反馈回路，其中传感器监测过程输出，执行器根据反馈调整输入，以维持最佳操作条件。

（2）质量保证系统

项目集中于集成传感器，实现对产品质量的实时监测和控制。例如，在装配线上部署视觉系统以检测缺陷，或在加工过程中利用传感器测量材料特性。

（3）自动化装配系统

学生将开发执行器和传感器协同工作的系统，以实现复杂装配任务的自动化。项目将展示执行器如何根据传感器数据进行精确移动和实时调整，提升效率并减少错误。

(4) 提高能源效率

学生设计项目，利用传感器和执行器提高生产设备的能源效率。项目可包括设计智能控制系统，根据实时需求或操作条件动态调整能源使用。

(5) 加强安全

项目着重于集成传感器和执行器，以增强制造环境的安全机制，可包括检测人员存在并关闭机器以防止事故的系统，或监测环境条件以确保其安全的系统。

学习目标如下：

(1) 发展跨学科技能

鼓励学生综合运用电子学、软件工程和机械设计等领域的知识，开发跨学科项目。

(2) 实时数据处理和分析

重点学习如何实时处理和分析传感器数据，并利用这些数据通过执行器进行自动调整。

(3) 系统设计与集成

指导学生设计系统，将传感器和执行器有效集成到生产流程中，并考虑通信协议、数据安全和系统可靠性。

(4) 创新和解决问题

促进学生运用传感器和执行器技术的创新思维，解决现实世界的制造难题，并根据解决方案改进系统。

本主题为学生提供了参与尖端项目的机会，这些项目不仅直接应用于现代制造环境，而且有助于加深学生对集成系统运作的理解。通过这些实践，学生将为未来在工业自动化和智能制造领域就业做好充分准备。

5. 数字孪生技术

在智能制造系统研究的广阔天地中，"智能制造系统的数字孪生开发"这一 PBL 主题以其前瞻性和适用性，成为引领学生深入探索数字孪生技术在制造领域应用的重要课题。该主题专注于构建和应用物理系统的虚拟副本，以模拟、监控、优化和管理制造过程，从而提升现代制造环境。以下是该主题的主要领域：

(1) 生产线数字孪生

学生将开发模拟整条生产线的数字孪生，通过实时数据获取和模拟不同情况，以提高效率、减少瓶颈并提升产品质量。

(2) 组件级数字孪生系统

项目集中于为特定制造组件（如机器或工具）创建数字孪生，用于预测维护需求、优化运行参数，延长设备使用寿命。

(3) 供应链管理

开发模拟制造业物流和供应链的数字孪生系统，探索供需变化对生产的影响，提高市场适应性。

(4) 能源管理

创建数字孪生以监测和优化生产设施的能源消耗，发现节能机会，支持可持续生产实践。

(5) 工人培训与安全

项目侧重于利用数字孪生进行工人培训，让工人学习复杂机械或工艺，同时模拟安全场景，改进工作场所安全规程。

学习目标如下：
（1）系统思考
鼓励学生进行系统性思考，理解不同组件在制造环境中的相互作用和影响。
（2）高级模拟和建模技能
培养学生的模拟和建模技术能力，为创建精确有效的数字孪生系统打下基础。
（3）数据整合与分析
指导学生整合和分析多源数据，构建具有凝聚力和功能性的数字孪生。
（4）创新解决问题
鼓励学生运用创新思维，利用数字孪生技术提高生产效率、质量和安全。

这一主题不仅使学生接触到迅速成为现代制造战略基石的尖端技术，而且能通过解决实际问题，提高学生的技术技能，增强学生的战略思维和解决问题的能力。这为学生未来在智能制造行业中发挥关键作用提供了宝贵的实践机会。

6. 人机互动

在智能制造系统的研究中，人机交互（HMI）是提升生产效率和安全性的关键环节。"加强智能制造环境中的人机协作"这一 PBL 主题以其相关性，为学生提供了一个探索如何通过先进技术提高人机交互效率和安全性的平台。以下是该主题的主要领域：

（1）先进的用户界面（UIs）
项目致力于开发直观、用户友好的图形用户界面，用于机械和系统控制，减少操作错误，提高操作效率。设计可包括触摸屏、手势控制或语音控制系统。
（2）用于维护和培训的增强现实技术（AR）
开发 AR 应用程序，将关键信息和视觉效果叠加到现实世界的制造环境中，协助维护复杂装配任务，同时用于培训，提供实践经验的虚拟叠加。
（3）增强互动的可穿戴技术
项目集中于集成可穿戴设备，监测工人健康和安全，提供实时反馈，并通过触觉或运动传感增强与机器的互动。
（4）人机界面中的认知工效学
开发系统以适应操作员的认知负荷，利用传感器和数据分析来调整界面，提醒操作员注意或休息，减少因疲劳而造成的错误，提高生产率。
（5）机器人和协作机器人
重点关注协作机器人（Cobots）的整合，这些机器人可以在没有安全笼的情况下与人类工人协作。项目可包括编写协作机器人程序、制定安全协议或创建动态调整系统。
学习目标如下：
（1）跨学科工程技能
鼓励学生整合机械工程、计算机科学和人为因素等领域的知识，开发创新的人机界面解决方案。
（2）以用户为中心的设计
强调以用户为中心的设计的重要性，重点关注工业环境中的可用性和用户体验。
（3）技术实施和测试
指导学生学习在实际环境中实施和测试人机界面设计所需的技术技能，确保设计稳健、高效和安全。

(4) 伦理和社会考虑因素

探讨人机界面的伦理和社会影响,包括工作岗位转移、隐私问题,以及确保公平获得技术培训的问题。

本主题不仅让学生掌握应对当前制造业技术挑战所需的技能,还鼓励他们对人机协作的未来影响进行批判性思考。通过这个平台,学生能够实际应用技能,并加深对其工作对个人和更广泛制造流程影响的理解,为他们在智能制造领域的职业发展奠定坚实的基础。

7. 智能制造中的安全问题

在智能制造系统安全领域,"确保智能制造系统安全,防范网络威胁"这一 PBL 主题以其相关性和关键性,成为现代制造业中不可或缺的一部分。随着制造业对互联网的依赖日益加深,网络安全的重要性也日益凸显。以下是该主题的主要领域:

(1) 威胁建模和风险评估

项目包括创建详细的威胁模型,对制造系统的关键组件(如生产线控制器、物联网设备和数据存储解决方案)进行风险评估,以识别潜在漏洞,并制定相应的风险缓解策略。

(2) 网络安全解决方案

学生将专注于确保制造系统的网络基础设施安全,包括实施防火墙、入侵检测系统和安全通信协议。

(3) 数据完整性和访问控制

研究确保数据完整性和安全访问控制的系统,包括开发加密解决方案、安全认证机制,以及确保数据未被篡改的技术。

(4) 事件响应和恢复计划

制订全面的事件响应战略和恢复计划,以应对网络安全漏洞。项目可包括模拟攻击,以测试和改进这些计划。

(5) 物联网和设备安全

侧重于保护物联网设备免受固件漏洞、物理篡改等安全威胁,开发安全的固件更新程序和物理安全措施。

学习目标如下:

(1) 网络安全基础知识

向学生传授网络安全的基本概念,涵盖加密、网络安全和道德黑客等领域。

(2) 实用安全技能

培养学生的实用安全技能,包括建立和管理安全基础设施、进行渗透测试和漏洞分析。

(3) 跨学科合作

鼓励不同工程学科(如计算机科学、机械工程和电子工程)的学生合作,共同开发综合性的安全解决方案。

(4) 批判性思维和解决问题

培养学生的批判性思维和问题解决能力,以识别和解决复杂系统中的潜在安全问题。

本主题不仅培养了学生应对智能制造领域中当前和新出现的安全挑战的能力,还强调了安全在现代工业系统设计和运行中的重要性。通过将理论学习与实际操作项目相结合,学生将掌握保护先进制造环境免受网络安全威胁所需的关键技能。这种实践学习方法为学生提供了宝贵的经验，有助于他们在未来的职业生涯中发挥重要作用。

4.1.3 服务科学与服务工程

服务科学与服务工程在工科大学 PBL 中占据着举足轻重的地位。这一领域专注于服务系统的设计、改进和扩展，对于当今以服务为导向的经济至关重要。将这两个领域融入工程教育，不仅能够丰富教学内容，还能培养学生解决实际问题的能力，带来以下教育和实践上的益处。

（1）跨学科学习

服务科学与服务工程融合了技术、商业和社会科学等不同学科的要素。通过 PBL，服务科学与服务工程能促进学生跨学科学习，鼓励他们运用多元知识解决复杂问题，以反映现实世界跨学科的复杂性。

（2）与现实世界相关

全球经济的大部分已转向服务领域。PBL 中的服务科学和服务工程使学生能够参与到反映当代挑战和行业创新的项目中，使学习与现实世界紧密相连，直接应用于潜在职业。

（3）创新和创造能力

服务需求的多变性要求高度定制和快速适应。PBL 课程鼓励学生在设计解决方案时进行创造性思考和创新，注重培养他们的适应能力和前瞻性思维。

（4）以客户和人为中心的方法

服务科学与服务工程强调以人为本的设计思维，重视用户需求和体验。PBL 课程指导学生从用户角度出发，考虑问题，注重培养他们在工程学科中的基本技能。

（5）系统思维

服务系统的复杂性涉及多个相互作用的组成部分。PBL 可以提高学生的系统思维能力，使他们能够全面地看待问题，理解系统内的相互依存关系。

（6）社会影响

服务科学与服务工程项目通常针对社会需求（包括医疗保健、教育和环境管理等），培养学生的社会责任感，考虑工程解决方案对社会的潜在影响，为世界做出积极贡献。

（7）就业能力和职业准备

PBL 培养的技能，如团队合作、解决问题和客户互动，在就业市场上备受重视。项目帮助学生为职场做好准备，特别是在需要积极参与服务设计和改进的岗位上。

（8）技术整合

现代服务系统依赖于技术。PBL 整合人工智能、物联网和分析等技术，为学生提供实践经验，掌握对许多工作角色至关重要的工具。

通过服务科学与服务工程的 PBL 项目，工科大学为学生提供了一套强大的技能和广阔的视野，以帮助他们在以服务为主导的经济中进行创新和领导。这种方法确保了毕业生不仅能成为技术专家，而且能够理解和改善工程学运作的更广泛环境，为未来的职业生涯奠定坚实的基础。

1. 服务科学

服务科学，通常被称为服务科学、管理和工程（SSME），是一种融合多学科精髓的综合方法。它汇聚了计算机科学、工程学、管理学、社会科学以及法学等多个领域的理论和实践，致力于改进和创新服务系统。这些系统是人员、技术、组织和共享信息等元素的复杂融合体，它们共同工作以提供价值和利益给客户。服务科学的目标是深入研究和理解这些系统，优化它们的性能，并推动服务创新。以下是服务科学的目标：

(1) 跨学科研究

服务科学跨越学科界限，综合各领域的知识以应对服务设计、提供和改进的挑战。它致力于连接不同学科，激发创新解决方案的产生。

(2) 注重价值创造

服务科学的核心在于探索服务如何为所有利益相关者（包括服务提供者、客户和合作伙伴）创造和传递价值。

(3) 利用技术

服务科学运用技术手段来提升服务质量和效率，包括运用大数据分析、人工智能和其他数字工具来优化信息处理和服务互动。

(4) 服务创新

服务科学鼓励创新服务模式的发展，提供差异化和创新性的服务体验，涵盖了新的商业模式、流程、客户互动和体验策略等各个层面。

(5) 教育与培训

服务科学重视教育计划的制订，旨在培养学生和专业人士在服务导向型行业中所需的关键技能，以助其脱颖而出。

(6) 经济和社会影响

服务科学认识到服务业在大多数发达国家经济中的重要地位，并致力于通过提升服务业的质量和效率，对生产力、就业和社会福祉产生积极影响。

在当今以服务为主导的经济体中，服务科学具有特别现实的意义。随着大多数人在服务部门就业，以及大众对创新和提升服务质量与效率的持续需求，服务科学成为推动经济增长和社会进步的关键学科。通过深入研究和应用服务科学的理论和方法，我们可以更好地理解和优化服务流程，创造更高的客户价值，促进社会的全面发展。

2. 服务工程

服务工程是一个专注于运用工程原理和方法来系统化开发和设计服务的专业领域。它涵盖了服务系统的规划、开发、实施和改进，目标是提升服务运营的效率、效益和质量。在电信、金融、医疗保健和酒店等以服务为核心的行业中，服务工程扮演着至关重要的角色。以下是服务工程学的主要内容：

(1) 服务设计

服务设计关注于构思新服务或重新设计现有服务，以提升客户满意度和运营效率。它从客户体验的角度出发，综合考虑服务蓝图和旅程图等要素。

(2) 流程优化

服务工程着重于优化服务交付流程，利用精益管理和六西格玛等技术来降低成本、提高质量，识别和消除浪费，减少可变性，提高流程绩效。

(3) 技术整合

实施和整合适当的技术以支持服务交付，包括开发和使用信息技术系统、自动化工具和数字平台，以实现更高效、更流畅的服务交付。

(4) 质量管理

确保提供高质量的服务是服务工程的核心，这涉及制定质量标准、实施质量控制和保证措施，以及持续监测和改进服务质量。

(5) 服务创新

服务工程学致力于在服务的创建、交付和维护方面进行创新，探索新的商业模式、服务产品或技术，以提升服务体验。

(6) 人为因素

考虑服务提供商和客户的角色，服务工程学研究人与人之间的互动和人体工程学，以设计出既方便用户又有效的服务。

服务工程学本质上是一门多学科融合的学科，它汲取了管理科学、信息系统、物流、工业工程等领域的知识，旨在创造全面、可扩展的服务解决方案。在服务主导型经济中，服务工程学发挥着至关重要的作用，它增强了组织持续、高效地提供优质服务的能力，推动了服务行业的创新和成长。通过服务工程的实践，组织能够更好地满足客户需求，实现服务的持续改进和优化。

3. 服务建模与设计

新服务的建模与设计是一个综合性的系统方法，它将客户需求、业务目标、技术能力和创新思维融合在一起。这个过程不仅能引导学生创造出既切实可行又具有市场竞争力的服务，而且能培养他们系统化解决问题的能力。

步骤 1　洞察市场需求。开始于识别市场中的空白或客户需求未被充分满足的领域。通过市场调研、客户访谈、竞争对手分析和趋势观察，收集宝贵的见解，为服务设计提供坚实的基础。

步骤 2　定义服务理念。明确新服务的理念，包括：

1) 目标受众：确定谁将使用这项服务。
2) 价值主张：阐述服务的好处以及如何解决客户的问题或改善他们的处境。
3) 服务内容：描述服务的主要特点和功能。

步骤 3　利益相关者参与。尽早让潜在客户、服务提供商和合作伙伴等利益相关者参与进来，收集他们的意见，以完善服务概念，确保服务设计能够满足用户的实际需求。

步骤 4　绘制服务流程。创建服务交付的详细流程图，从客户初次接触到服务结束的每个步骤，明确所有互动、决策和接触点。

步骤 5　设计服务体验。专注于用户体验（UX）设计，确保服务的友好性、直观性和愉悦性。利用客户旅程图和服务蓝图等工具，可视化并优化服务体验。

步骤 6　构建服务原型。开发服务原型，无论是简单的草图还是复杂的交互式模拟，这一步对于收集反馈和进行迭代改进至关重要。

步骤 7　测试和验证。通过试点测试，让真实用户体验服务，验证服务设计的有效性和用户体验的优劣，利用反馈进一步完善服务。

步骤 8　商业模式开发。制定服务的商业模式，包括定价策略、成本管理和财务可持续性分析，考虑不同的收入模式以适应市场。

步骤 9　制订实施计划。创建详细的实施计划，涵盖推广战略、营销和支持等方面，确保计划的实施能够满足服务提供的需求。

步骤 10　启动和监控。正式推出服务，并对其进行持续监控，利用客户反馈和性能数据不断优化服务。

步骤 11　迭代和扩展。根据服务的初始表现，规划未来的迭代和扩展，寻找向新市场推广服务或增强服务功能的机会。

新服务的建模和设计要求学生具备战略思维、深入的客户洞察力、创意设计能力和周密的规划能力。遵循这些步骤，学生能够开发出既满足目标受众需求又能在市场竞争中脱颖而出的服务。

4. 服务流程模拟

模拟服务流程是一种创建模型以复制服务运行动态的方法，它能够在不干扰实际运营的情况下预测服务在不同条件下的性能。这一过程对于洞察系统行为、测试创新想法、评估潜在变化和改进服务交付机制极为有用。以下是有效模拟服务流程的详细步骤：

步骤 1　明确模拟目标。精确定义模拟的目标，这些目标可能包括减少服务交付时间、提升客户满意度、降低成本或评估服务流程变更的影响。

步骤 2　数据收集。搜集详尽的数据来描述现有的服务流程，包括交易时间、到达率、服务时间、等待时间、处理时间等关键指标。深入理解这些指标的变化和分布对于构建准确的模拟至关重要。

步骤 3　绘制服务流程图。制作包含所有步骤、决策点、资源和客户互动的服务流程图。清晰地识别和理解服务流程的每个组成部分。

步骤 4　选择模拟工具。挑选合适的模拟软件工具，如 Arena Simulation Software、Simul8、AnyLogic 或 FlexSim。这些工具提供了可视化界面来构建流程模拟，并具备强大的统计和分析功能，可以审查模拟结果。

步骤 5　构建仿真模型。使用选定的工具构建仿真模型，具体细分步骤包括：

1）根据流程图设置服务流程布局。

2）定义模型中的实体（如客户）、资源（如服务人员、机器）和流程（如签到、付款）。

3）将收集到的数据输入模型，包括顾客到达模式、各流程所需时间及其变化。

步骤 6　模型验证。运行模拟，使用已知数据检查模型输出是否与现实世界的结果一致。验证模型的准确性是确保其可靠反映实际服务流程的关键。根据反馈调整模型，提高其真实性。

步骤 7　执行模拟。在模型验证无误后，运行模拟来测试不同情况，例如，顾客到达率的增加、增设服务站点或员工水平和技能的变化对服务流程的影响。

步骤 8　结果分析。深入评估模拟运行的结果，识别瓶颈、效率低下环节或改进机会。利用这些结果做出关于服务流程变更的明智决策。

步骤 9　实施变更和重新评估。根据模拟分析的结果，对实际服务流程进行调整。调整后，可能需要更新仿真模型并重新运行，以反映变更并进一步优化服务流程。

服务流程模拟是一种强有力的管理工具，它提供了一种无风险的方式来探索变化，预测其对服务效率和客户满意度的潜在影响。通过这种方法，组织可以在实施之前预见变更的效果，从而做出更加明智的决策。

5. 客户满意度

评估客户满意度是衡量服务是否满足用户需求和期望的关键步骤，对于企业来说，这不仅是了解服务水平的镜子，也是提升服务质量、维系客户忠诚度的基石。

步骤1　设定满意度指标。明确客户满意度的重要性，并选择适当的指标进行衡量。常用的满意度指标包括：

1）净推荐值（NPS）。衡量客户推荐服务给他人的可能性。通过10分的评分系统，将客户分为"推荐者""被动者"和"贬损者"，NPS的值由贬损者的百分比减去推荐者的百分比得出。

2）客户满意度得分（CSAT）。反映客户对服务满意程度的指标。通过直接询问客户的满意度，并根据评分标准（如1~5分或1~10分）来计算CSAT，公式为：

$$CSAT = (满意客户数/总回复数) \times 100\%$$

3）客户努力得分（CES）。衡量客户解决问题需要付出的努力。CES通常基于客户对解决问题难易程度的评价，公式为：

$$CES = (\Sigma 客户努力评分)/(总回应数)$$

4）收集客户反馈。通过调查、访谈、焦点小组和社交媒体等多种渠道收集客户的直接反馈，以获得全面的服务体验信息。

步骤2　深入数据分析。对收集到的数据进行细致分析，以识别服务中的趋势、模式和改进点。运用统计分析工具，探究不同服务要素与客户满意度之间的关联。

步骤3　构建持续反馈机制。建立一个持续的反馈收集和分析系统，确保能够实时监控服务质量，并迅速响应客户提出的新问题或需求。

通过上述步骤，企业不仅能获得客户的真实反馈，还能系统地分析和应用这些反馈来优化服务流程，提升客户体验，最终实现提高客户满意度和忠诚度的目标。这种方法论的运用，将帮助企业在竞争激烈的市场中保持优势，并通过不断改进服务来满足并超越客户的期望。

6. 合适的评估功能示例

使用净推荐值（NPS）作为评估工具，可以量化客户忠诚度并预测他们推荐服务的可能性。评估函数应为：

$$NPS = 推荐者百分比 - 贬损者百分比$$

以下是使用NPS进行客户满意度评估的步骤：

步骤1　开展调查。向客户提出关键问题："从0~10分，您有多大可能向朋友或同事推荐我们的服务？"

步骤2　分类回答。将客户的评分分为三个群体："推荐者"（9~10分），表示忠诚度高且可能积极推荐服务的客户；"被动者"（7~8分），通常满意但不热心，不太可能促进增长；"贬损者"（0~6分），不满意且可能通过负面口碑损害品牌。

步骤3　计算NPS。用"推荐者"的百分比减去"贬损者"的百分比，得出NPS值。

步骤4　解读NPS结果。较高的NPS值通常被视为正面的。一般而言，0分以上被认为是良好的，而50分以上则被认为是卓越的。

步骤5　深入分析。

具体包括：

1）细分数据：分析不同客户群体的满意度，识别特定需求或问题。

2）定性分析：通过开放式问题获取详细反馈，理解客户感受背后的原因。

3)基准分析:将得分与行业标准或历史数据比较,评估服务的相对表现。

此外,来自日本的 Noriaki Kano 教授开发的卡诺模型(也称 Kano 模型)为理解客户需求和预测这些需求对满意度的影响提供了一个有力的工具。该模型将客户需求分为以下 5 类:

1)基本需求:客户视为理所当然的基本功能,缺乏它们会导致不满,但它们的存在不会提升满意度。

2)性能需求:与客户满意度成正比的性能水平,满足这些需求会增加满意度,未满足则会导致不满。

3)兴奋需求:超出客户期望的特性,能够显著提升满意度,但它们不是客户最初所期望的。

4)质量参差不齐:无论存在与否,对客户满意度或不满意度影响不大的特性。

5)反向质量:存在时会导致客户不满,而缺乏时可能会提升满意度的特性。

Kano 模型强调通过调查客户对不同功能的看法来确定产品特性的优先级,并强调客户偏好随时间变化,因此持续创新和适应性调整至关重要。图 4-1 显示了 Kano 模型。

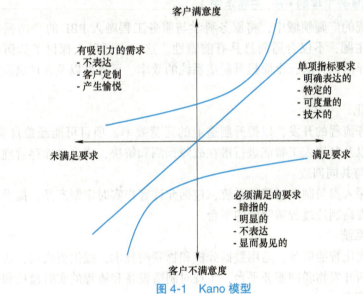

图 4-1 Kano 模型

Kano 模型包括调查客户对各种功能的看法,即如果某项功能存在,他们会有什么感觉(功能性);如果不存在,他们会有什么感觉(功能失调)。客户的回答有助于将产品功能归入 5 个类别之一,并帮助企业确定开发工作的优先次序,以最大限度地提高客户满意度。该模型强调,客户的偏好会随时间的推移而改变,当前可能是"令人兴奋"的功能,未来可能会成为基本需求,因此持续创新和适应性调整至关重要。

通过结合适当的衡量标准和方法,并在服务流程中嵌入持续的反馈机制,企业可以有效地评估和提升客户满意度,实现服务的持续改进和创新。

7. 角色

在服务设计领域,角色是一种至关重要的工具,它通过虚构的人物形象来代表目标受众或特定用户群体的特征。这些角色是设计师用来具体化和深入理解不同用户群体的需求、行为、动机和目标的有力手段，目的是设计出更贴合用户实际需求的服务。

服务设计中的角色构建通常基于深入的用户研究，这些研究涵盖了包括人口统计信息、行为模式、个人偏好，以及用户与服务交互的特定环境等详尽数据。角色的描述可能包含诸多细节，如年龄、职业背景、兴趣爱好、使用的技术，以及用户在接触所设计服务时可能遇到的挑战等。

运用角色的真正意义在于将设计过程的焦点放在用户身上，确保在做出任何设计决策之前，设计团队能够清晰地理解服务的最终用户是谁。这种方法有助于创造出更高效、更便捷、更人性化的服务体验。通过与这些角色建立情感联系，服务设计者可以更加精准地预测不同用户将如何看待和体验服务，他们重视的方面是什么，以及服务如何与他们的生活无缝融合。

通过角色的使用，服务设计者能够构建出更具吸引力和实用性的服务，这些服务不仅能够满足用户的显性需求，还能触及他们的隐性期望，从而在激烈的市场竞争中脱颖而出，赢得用户的忠诚和推荐。角色工具的应用，让服务设计不再抽象，而是变得生动、具体，并且紧密贴合用户的真实生活场景。

8. 服务科学与服务工程的 PBL 主题示例 1

在智能制造系统的广阔领域中，将服务科学与服务工程融入 PBL 的"增强智能制造系统中的服务交付"主题，不仅合适而且具有前瞻性。这一主题深入探讨了如何通过整合先进技术和以服务为导向的方法，全面提升制造系统的效率、可靠性以及客户满意度。以下是该主题的主要领域：

（1）服务自动化

探索自动化服务流程的开发，以提升制造业的运营效率。项目可能涵盖自动故障排除、预测性维护服务，以及利用人工智能进行潜在故障预测和解决，或自动库存管理服务。

（2）客户整合与共同创造

设计便于客户深入参与制造过程的系统，包括允许客户实时定制产品、提供直接影响制造决策的反馈，或提高制造过程透明度的平台。

（3）智能服务系统

着重于创建或优化智能服务，运用数据分析和物联网技术，提供更快速、适应性更强的服务。项目可能包括开发物联网服务平台，实现对制造设备和流程的实时监控和管理。

（4）可持续性服务

开发以提高生产运营可持续性为重点的服务解决方案，如材料回收或再利用服务，或确保环保制造和产品报废的生命周期管理服务。

（5）远程服务能力

针对现代制造业的全球化特征，项目可以聚焦于提升远程服务能力，例如，实现远程诊断、维护和控制系统，使服务交付超越地理限制。

学习目标包括：

（1）跨学科技能

激励学生整合系统工程、信息技术、企业管理和客户关系管理等领域的知识和技能。

（2）服务设计与工程创新

鼓励学生将创新思维应用于服务设计和工程，为智能制造系统增加价值。

(3) 现实世界的应用和影响

指导学生关注服务科学理论和方法在现实世界中的应用，强调对生产效率、可持续性和客户满意度的实际影响。

(4) 合作与交流

培养学生跨学科合作和与利益相关者有效沟通的能力，以及共同创造和实施服务解决方案的能力。

这一主题为学生提供了一个综合的服务工程与智能制造相结合的方法，提供了丰富的项目机会，能让学生为未来在工业创新和智能服务交付领域发挥关键作用做好准备。它涵盖了技术和商业两个维度，以确保学生获得全面的学习体验，并培养他们成为未来智能制造领域的领导者。

9. 服务科学与服务工程的 PBL 主题示例 2

"智慧城市的创新服务设计与工程"作为工科大学服务科学与服务工程的项目式学习（PBL）主题，是一个充满力量和创新性的选择。这一主题深入挖掘了如何将工程学原理应用于服务设计，旨在提升城市环境的功能性、可持续性和宜居性，是应对城市发展和技术进步中日益重要的领域。以下是该主题的主要领域：

(1) 城市交通解决方案

鼓励学生开发改善城市交通的服务解决方案，例如，智能交通管理系统、共享单车或共享乘车应用程序等共享交通服务，以及自动驾驶汽车的基础设施管理。

(2) 智能基础设施服务

着重于提高城市基础设施的效率和可靠性，包括智能电网技术、基于物联网的水管理系统，以及利用智能传感器技术的废物管理服务。

(3) 健康与福利服务

开发促进城市人口健康和增进福祉的服务设计，这可能包括远程医疗、城市绿地管理或污染监测和控制系统。

(4) 公共安全和安保服务

创新加强公共安全和安保的系统，如利用数据分析优化应急响应服务，或在保障安全的同时尊重隐私的监控服务。

(5) 数字公共服务

设计数字化解决方案以改善公共服务，例如，电子政务平台、数字化教育服务，以及促进市民参与城市规划的公众参与平台。

学习目标包括：

(1) 跨学科合作

激励学生跨学科合作，整合工程、技术、城市规划和社会科学的概念。

(2) 服务系统思维

引导学生从系统的角度进行服务设计，理解服务生态系统内各组成部分的相互作用和影响。

(3) 技术融合

着重将人工智能、物联网、大数据分析和区块链等现代技术融入服务设计和交付，提升效率和用户体验。

(4) 可持续发展的设计

设计符合道德和可持续发展原则的服务，考虑其对社区和环境的长期正面影响。

这一主题为学生提供了一个应对当今城市地区重大挑战的平台，帮助学生全面了解技术和服务如何相互作用以提升城市环境的生活质量，努力培养他们成为未来智慧城市建设的中坚力量。

4.2 PBL 实例

本节致力于深入探讨与服务工程紧密相连的 PBL 实例。通过一系列鲜活的案例展示，本节旨在向读者具体而生动地阐释 PBL 方法在实践操作中的详尽步骤，以及它能带来的深刻影响和丰富成果。通过剖析这些案例，读者将能够更加全面和深入地理解 PBL 教学模式的内在运作机制，掌握其核心理念和实践技巧。此外，这些示例还将启发读者思考如何将 PBL 方法有效地融入自己的学习和工作中，以促进知识的深入理解和应用能力的提高。

在本节内容的引导下，读者将学习到如何将理论与实践相结合，通过 PBL 项目激发读者的创新思维，解决实际问题，并在服务工程等专业领域中发挥积极作用。这些案例不仅是对 PBL 方法的实证展示，也是对读者进行批判性思维和创造性工作能力培养的有益参考。

4.2.1 基于 AR 的海外游客实时导航系统

1. 项目期限

本项目于 2013 年 4 月至 2014 年 2 月在日本东京都立产业技术大学院大学实施。

2. 项目概述

在该项目中，团队精心打造了一个创新的基于增强现实（AR）的导航系统，其设计初衷是为了以一种直观互动的方式，为海外游客提供从机场到最终目的地的高效导航体验。这一系统的核心在于它的用户友好性和直观性，确保了游客即便不熟悉日本的交通系统，也能轻松自如地进行导航。

该服务系统由先进的 AR 导航组件和一系列相关服务构成，其中包括一个能够实时识别用户位置的检测系统，它通过 AR 技术的支持，为用户提供了一种全新的导航体验。与传统的导航方法不同，我们的系统不需要游客去了解复杂的交通网络，也不需要他们掌握包括铁路地图在内的任何额外信息。

通过在 Arena Simulation Software 中进行的模拟测试，我们收集了大量数据，并据此对导航方法进行了优化。模拟结果显示，我们提出的导航方法不仅操作简便，而且对游客来说极为有效，显著提升了他们的导航体验。这一成果不仅证明了我们设计的创新性和实用性，也展示了 AR 技术在提升旅游体验方面的潜力。总体来说，项目通过结合最新的 AR 技术和精心设计的服务流程，成功地为海外游客提供了一种新颖、高效且易于使用的导航解决方案，极大地提升了他们的旅行体验。

3. 目标

项目使用 SysML 进行系统建模，使用服务工程方法进行服务设计，使用 Arena 软件进行服务操作仿真，设计一个使用语音指令和 AR 的导航系统，以改善海外游客的体验。

4. 角色和职责

该团队由 4 名成员组成，此外，1 名主导师和 2 名副导师负责帮助团队学习和开展工作。

参与项目的学生的角色和职责如下：

学生 A：项目管理和研究
学生 B：研究和开发设备
学生 C：研究开发 SysML 模型
学生 D：SysML 模型和仿真过程

5. 分阶段安排

在服务设计和技术创新领域，我们首先需要对工具和概念进行深入的介绍和培训。

（1）工具和概念介绍

SysML 培训：我们将介绍 SysML 的基础知识，重点讲解如何使用 SysML 创建详尽的系统模型，使其涵盖需求、行为和结构等方面，为服务设计提供坚实的模型基础。

服务工程方法：深入讨论服务设计和开发的原则，特别是迭代设计和以用户为中心的方法，确保设计过程的灵活性和用户满意度。

软件应用：由导师引导，学习创建和分析离散事件模拟的基础知识，特别关注服务运营中的应用，为服务流程的优化提供技术支持。

（2）需求收集和初步规划

通过进行需求评估，深入了解海外游客在使用导航系统时面临的挑战，从而确定增强现实（AR）技术导航系统的范围，并制定关键性能指标。

（3）SysML 建模

运用 SysML 工具，建立包括用例图、活动图和模块定义图在内的详细系统模型，清晰表示导航系统及其与用户（海外游客）、AR 界面和指令处理模块之间的交互。

（4）使用服务工程方法进行服务设计

采用服务工程方法设计导航服务，经历构思、概念开发和服务原型设计的各个阶段。开发用户角色和场景，以指导服务设计，确保系统能够满足海外游客的特定需求。

（5）开发 AR 界面和指挥系统

创建 AR 界面，将导航数据无缝叠加到用户通过移动设备或 AR 眼镜观察到的现实世界中。同时，实施语音命令系统，以处理和响应用户的多语言指令。

（6）Arena 模拟

在 Arena 软件中模拟导航系统的预期运行情况，包括高用户密度、不同指令复杂性和多变的环境条件。利用模拟结果对系统性能进行优化，减少系统延迟并提高导航精度。

（7）仿真与 Arena 的集成和测试

将 AR 界面与基于指令的导航逻辑紧密结合，对系统在复杂城市环境中的运行进行广泛测试，特别是针对非英语母语用户，确保系统的可靠性和易用性。

（8）利用 Arena 进行评估和迭代模拟

根据用户反馈和模拟结果对系统进行全面评估，关注系统的可用性、导航准确性和 AR 增强功能的有效性。基于评估结果，不断迭代和优化设计，解决测试过程中发现的问题。

(9)文档和演示用 Arena 进行模拟

在综合项目报告中详细记录设计过程、系统结构、模拟结果和最终评估。准备一份 PPT 演示文稿,向同行、教师和潜在的利益相关者展示导航系统的优势和创新之处。

通过这一系列精心规划和执行的步骤,我们不仅能够开发出符合用户需求的导航系统,还能够确保系统的高效性、准确性和用户友好性,为海外游客提供卓越的导航体验。

6. 交付成果

(1)服务设计和开发文档

服务设计包括:①从各种交通工具(如铁路单轨列车、公共汽车、出租车等)中汲取经验,当海外游客抵达机场国际航站楼时,为其提供前往目的地的建议;②在机场,该服务可为海外游客提供路线导航,将他们带到目标交通工具的登机口;③该服务可为来自海外的游客提供多条从登机口到最终目的地的交通线路的导航服务。

团队开发的一个角色如下:

角色 1(该角色由学生创建,非真实存在)

国籍:泰国

姓名:NumPun E Pian

性别:女

年龄:43 岁

家庭结构:丈夫、女儿(三口之家)

职业:护士

地址:曼谷

爱好:购物、时尚

性格:爱家的母亲

现状:她第一次来日本旅游,计划环游东京

(2)SysML 图

服务系统的需求图,如图 4-2 所示;服务系统的用例图如图 4-3 所示;室内导航的序列图如图 4-4 所示,该序列图说明,机场的服务是从借用导航手机开始的。然后,海外游客按照导航系统提供的路线到达目的地。

(3)Arena 仿真模型与分析

图 4-5 为我们提供了一个深入的视角,展示了如何利用 Arena 仿真软件环境构建一个精确的服务模型。在这个模型中,Create 模块扮演着至关重要的角色,它是任何离散事件仿真(DES)模型的起点。Create 模块的功能是定义和生成仿真中的实体,如客户、产品、患者等,为他们在系统中的旅程设定起点。

特别地,在本导航模型中,Create 模块的职责是生成海外访客,随后,这些访客将进入仿真环境,开始他们的导航体验。这一步是整个服务流程的第一步,为模拟海外游客的到达和参与奠定了基础。相应地,Dispose 模块在仿真中扮演着终点的角色。它是任何 DES 模型的端点,负责定义实体从系统中删除的位置。在我们的导航模型中,Dispose 模块确保海外访客在完成他们的导航任务后,能够顺利地从模拟环境中退出(具体用法可参照图 3-70 及其说明)。

第 4 章 面向智能制造系统（IMS）和服务科学与服务工程的 PBL 示例

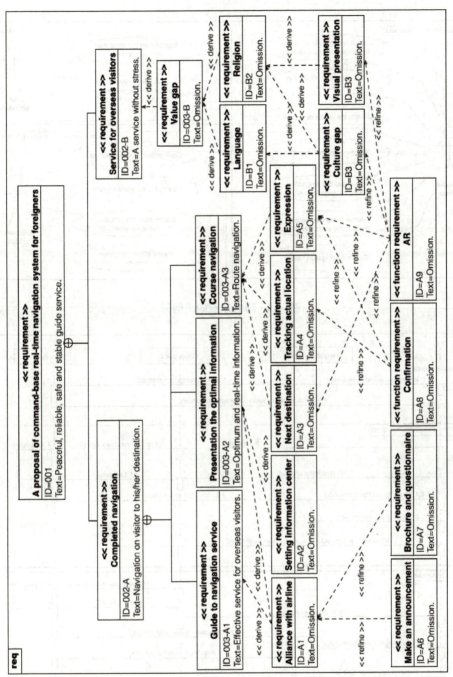

图 4-2 服务系统的需求图

通过这两个关键模块的协同工作，我们的仿真模型不仅能够模拟海外游客的整个导航过程，还能精确控制他们的进入和退出，以确保仿真的准确性和效率。这种细致的控制和模拟能力为我们提供了一个强大的工具，用以测试和优化我们的服务设计，确保它们能够满足海外游客的需求并提供卓越的用户体验。

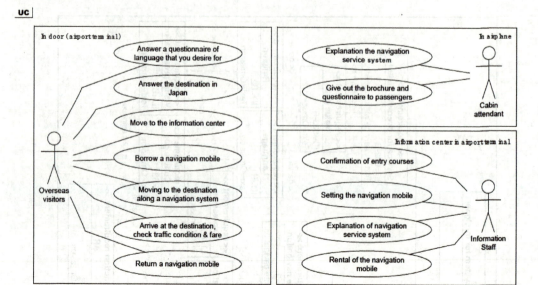

图 4-3　服务系统的用例图

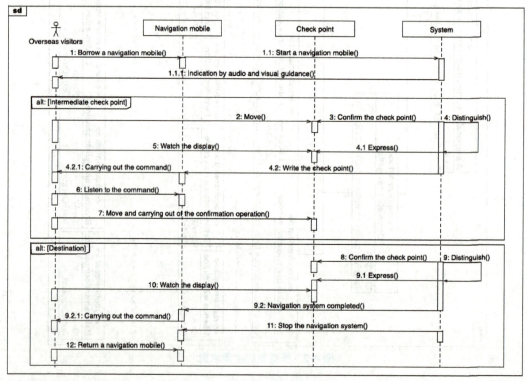

图 4-4　室内导航的序列图

（4）AR 界面和指挥系统原型

开发所用设备的规格如下：

蓝牙耳机：LBT-HS500（Logitec Co.，Ltd.）

第 4 章 面向智能制造系统（IMS）和服务科学与服务工程的 PBL 示例

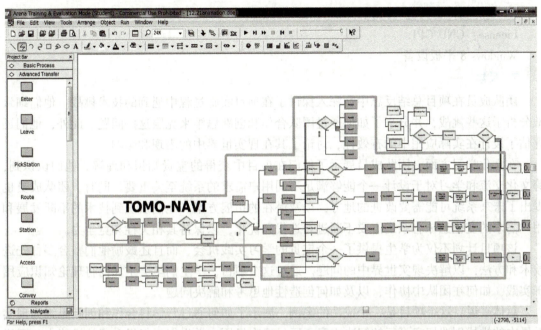

图 4-5　Arena 仿真模型

蓝牙性能：符合 Bluetoothv2.1+EDR Ⅱ级标准（如果没有障碍物）最大连接半径 10m（不包括折叠时的突出部分）

屏幕外部尺寸（宽×深×高）：15.6mm×10.0mm×64.2mm

重量：约 8.7g

待机时间：约 100h

连续通话时间：约 4h

音频数据：Weblio Dictionary（http://ejje.weblio.jp/）

该系统的使用图像，如图 4-6 所示。其中，使用者是该 PBL 团队的成员。

图 4-6　该系统的使用图像

集成开发环境如下：

Visual Studio C++2008（Microsoft Corporation）

Library：AR 工具包（http://www.hitl.washington.edu/artoolkit）
License：GNU GPL
Windows 8 平板设备

7. 反思

团队成员在项目总结反思中，深入探讨了在项目实施过程中遇到的技术挑战。他们细致地分析了这些挑战，并分享了如何通过团队合作和创新思维来克服这些问题。此外，他们还评估了设计在实际应用中的有效性，讨论了其在现实世界中的表现和影响。

在文化学习方面，团队成员展示了他们在项目中获得的宝贵知识和理解。他们认识到，跨文化交流和学习对于设计一个能够满足不同用户需求的系统至关重要。同时，团队成员也提出了未来系统可能需要改进的地方，以及潜在的扩展方案。他们认识到技术的不断发展和用户需求的变化意味着系统需要不断进行迭代和优化，以保持其相关性和竞争力。

该项目计划不仅为学生提供了一个宝贵的学习实践机会，而且还鼓励他们整合多种先进技术和方法，以解决现实世界中的问题。通过这个项目，学生们学会了如何将理论知识应用于实践，如何在团队中协作，以及如何创造性地思考和解决问题。

总体来说，这个项目是一个成功的案例，展示了如何通过跨学科合作和创新思维为现实世界中的挑战创造切实可行的解决方案。通过这次经历，学生们不仅提升了技术能力，还增强了解决复杂问题的能力，为他们未来的职业生涯奠定了坚实的基础。

4.2.2 社区复原力互助服务平台

1. 项目期限

本项目于 2012 年 4 月至 2013 年 2 月在日本东京都立产业技术大学院大学实施。

2. 项目概述

在该项目中，团队成员共同开发了一个创新的平台，该平台旨在促进社区成员之间的资源共享和物物交换。其设计理念是提供一个便捷、高效的环境，让社区成员能够相互协助，共享各自的资源和服务。项目团队采用了 SysML 进行系统建模，它帮助我们精确地定义了系统的需求、行为和结构。通过 SysML 模型，我们能够清晰地展示社区成员、平台和外部环境之间的交互关系。

在服务的概念设计和详细设计阶段，运用了服务工程方法，这是一种以用户为中心的设计方法，它确保我们的服务能够满足社区成员的实际需求。我们注重用户体验，确保服务设计既直观又易于使用，同时能够灵活适应不同用户的需求。为了进一步分析和优化服务操作，我们利用了 Arena 软件进行离散事件模拟。这种模拟技术使我们能够在虚拟环境中测试服务流程，识别潜在的瓶颈和效率问题，并在实际部署之前对服务进行必要的调整和优化。

总体来说，该项目不仅展示了团队成员在系统设计和工程方面的专业能力，也体现了我们对社区福祉的深切关怀。通过这个平台，我们希望加强社区的凝聚力，促进社区成员之间的互助与合作，共同创造一个和谐、可持续的社区环境。

3. 目标

使用 SysML 进行系统建模，使用服务工程方法进行服务设计，使用 Arena 软件进行操作模拟，设计并验证一个在线平台，社区成员可以在该平台上提供服务或交换物品。

4. 角色和职责

该团队由 4 名成员组成，此外，1 名主导师和 2 名副导师负责帮助团队学习和开展项目。参与项目的学生的角色和职责如下：

学生 A：项目管理和研究

学生 B：研究和开发设备

学生 C：研究开发 SysML 模型和模拟

学生 D：SysML 模型和仿真模拟

5. 分阶段安排

在本次培训和项目实施过程中，我们为团队成员提供了一个全面的学习体验，旨在培养他们解决现实世界问题的能力。

（1）SysML 培训

我们首先向学生介绍了 SysML（系统建模语言）的基础知识，特别强调了 SysML 在创建综合系统模型方面的应用，如用例图、活动图和序列图。这些工具对于理解和设计复杂系统至关重要。

（2）服务工程方法

接下来，我们涵盖了服务工程的基本概念，并重点介绍了如何设计能够满足社区需求的服务。这一部分强调了服务设计的迭代过程和以用户为中心的方法。

（3）场馆软件

我们还提供了离散事件模拟的基本概念培训，强调了它在服务设计和优化中的关键作用。

（4）问题识别和概念设计

在问题识别和概念设计阶段，我们确定了社区中可以通过互助方式解决的需求，并开发了初步的服务概念。

（5）SysML 系统建模

利用 SysML，我们对服务架构进行了建模，定义了用户、服务平台和外部环境之间的交互，并创建了表示在线交易服务的流程、信息流和功能的模型。

（6）利用服务工程方法进行服务设计

在服务设计阶段，我们运用服务工程学原理，制定了详细的服务设计，包括构思、原型设计和用户反馈整合等阶段。我们特别注重用户体验设计，以确保服务无障碍、易于使用，并满足社区的不同需求。

（7）开发与实施

我们开发了在线交易平台系统，包括用户界面设计和支持服务运营的后台系统，实现了项目列表、服务请求、用户档案和反馈系统等基本功能。

（8）利用 Arena 进行模拟

使用 Arena，我们模拟了在线交易服务的运行，找出了系统潜在的运行问题，并分析了服务在不同情况下的运行效率。

（9）集成和测试

我们集成了系统组件并进行了全面测试，以确保功能和用户界面的兼容性，并进行了压力测试和安全检查，以验证平台的稳健性。

（10）评估和迭代

利用模拟数据和用户反馈，我们评估了服务的有效性和可用性，并对服务设计进行了完善和迭代，解决了评估阶段发现的问题。

（11）文档和演示

最后，我们记录了整个过程，包括 SysML 图表、服务设计文档、模拟结果和评估。我们准备了一份 PPT，详细介绍了项目方法、研究结果和最终服务原型。

通过这一系列的培训和实践活动，学生们不仅获得了宝贵的知识和技能，还学会了如何将这些知识应用于解决实际问题，为他们未来的职业生涯奠定了坚实的基础。

6. 交付成果

（1）SysML 图和服务设计

图 4-7 展示了该服务的需求图。该图根据服务需求定义了互助服务。由图 4-7 可知，互助服务涵盖 4 个模块，分别为客户接收（Customer reception）、搜索（Search）、通信（Communication）和交付（Delivery）。

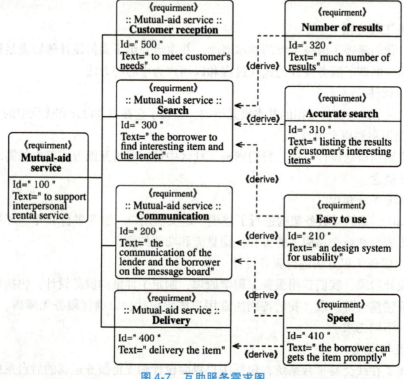

图 4-7 互助服务需求图

图 4-8 展示了每个服务的利益相关者和组件如何连接的示意图。互助服务由服务系统（System）、运输公司（Transport Company）和该服务的用户（People）组成。

图 4-9 和图 4-10 展示了搜索系统的活动图和序列图，这是互助服务系统中最关键的用户界面。用户通过此系统搜索他们想通过此服务借助的内容。

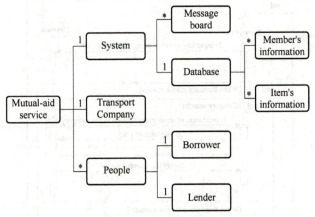

图 4-8 互助服务模块定义图

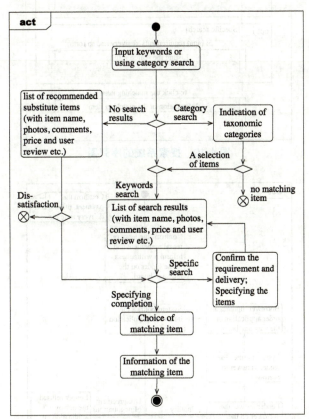

图 4-9 搜索系统的活动图

图 4-11 和图 4-12 表示通信系统的活动图和序列图。图中显示，当借助人在互助服务系统上指定物品时，此人将在留言板上确认租赁和出租协议，然后系统向出借人发送信息，通知借助人的订单申请。

图 4-13 和图 4-14 展示了交付系统的活动图和序列图。图中显示，互助服务系统包括两种投递模式：运输公司投递和出借人直接投递。

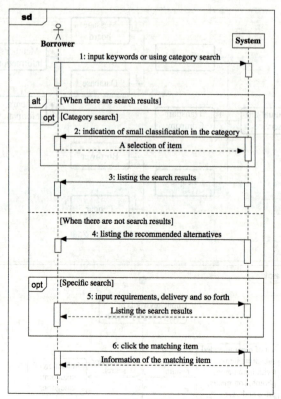

图 4-10 搜索系统的序列图

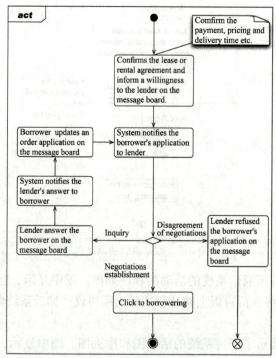

图 4-11 通信系统的活动图

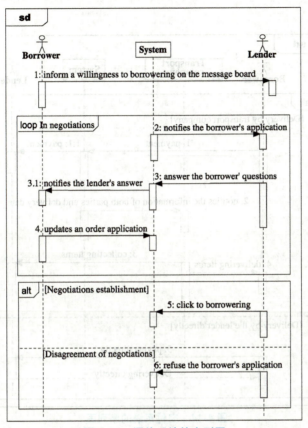

图 4-12　通信系统的序列图

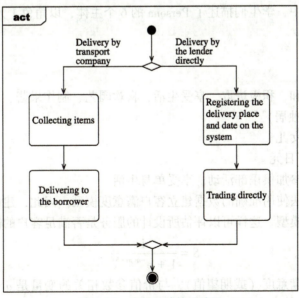

图 4-13　交付系统的活动图

为了使直接交付物品能够成功、安全地进行，借助人必须在留言板上向对方明确说明使用直接交付的原因，同时出借人必须通过系统指定交货地点、交货日期等，这些信息是直接投递成功的保证。

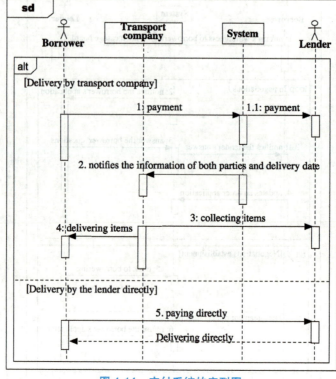

图 4-14 交付系统的序列图

（2）角色模型

在这项服务设计中，学生们描述了 Persona 的 6 个主体，以角色 1 为例。

角色 1：

年龄：65 岁

性别：女性

性格及爱好：温和，积极进取，享受生活，喜欢园艺、制作果酱、诗句、与朋友聊天

居住地：东京（独居）

家庭情况：一个女儿

收入：每月 11 万日元

其他情况：热衷参加俱乐部活动，享受单身生活

由于团队成员无法使用准确的数据建立客户满意度模型。因此，建议基于客户相关记录数据来定义客户期望模型。这样可以评估所设计的服务是否满足客户的需求和期望。

$$S = \frac{1}{1 + e^{-a(av-b)}}$$

式中，变量 S 是客户满意度（或期望值），与价值参数相关的变量是 a 和 b。可根据已开发的 Persona 模型来定义。客户满意度示例如图 4-15 所示。

（3）Arena 仿真模型

在仿真平台 Arena 上实现了互助服务系统，并对其进行了评估，如图 4-16 所示。

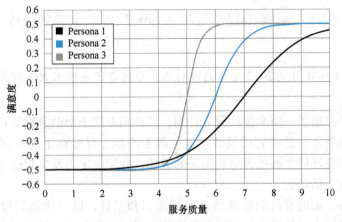

图 4-15　客户满意度示例

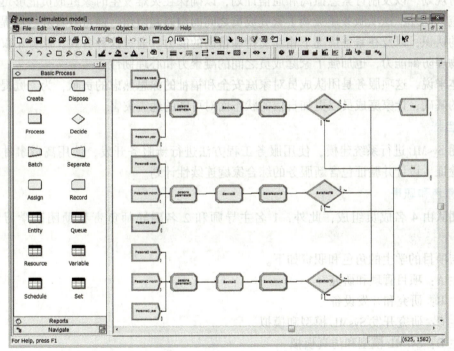

图 4-16　模拟器（Arena）示意图

7. 反思

团队成员对项目进行了深刻的总结与反思，特别关注了其对社会发展的积极影响以及在实施过程中遇到的技术挑战。他们深入探讨了平台如何促进社会的可持续发展，并提出了一系列未来可能的扩展和改进方法，以确保平台能够持续地为社会带来正面效益。

通过本 PBL 项目的学习，学生们不仅获得了宝贵的知识和技能，还学会了如何在实践中应用这些知识，以及如何通过团队合作来克服困难和实现目标。这些经验将对他们的未来发展产生深远的影响，帮助他们成为能够为社会带来积极变化的领导者和创新者。

4.2.3　基于 SysML、服务工程方法和 Arena 软件的家庭连续性计划

1. 项目期限

本项目于 2011 年 4 月至 2012 年 2 月在日本东京都立产业技术大学院大学实施。

2. 项目概述

团队成员携手打造了一项全面的服务计划，该计划专注于帮助家庭制订周密的家庭连续性计划，以应对地震等自然灾害的挑战。这项服务的核心目标在于提升家庭的应急准备能力，确保他们的居住环境能够抵御地震带来的破坏，并能在灾害发生时迅速启用必要的资源以维持家庭的基本生活功能。

通过这项服务，家庭成员能够获得必要的知识和工具，以评估他们房屋结构的抗震能力，识别潜在的风险点，并采取相应的加固措施。同时，服务还包括了对家庭重要文件和物资的备份规划，以及制订紧急撤离和通信计划，以确保在灾难发生时家庭成员能够迅速、有序地响应。此外，这项服务还强调了家庭成员之间的沟通和协作，通过教育和培训提高他们对灾害的认识，以及在紧急情况下相互支持和帮助的能力。通过这种方式，服务不仅提升了家庭的物理防御能力，也加强了家庭成员之间的凝聚力和心理韧性。

总体来说，这项服务是团队成员对家庭安全和福祉的深思熟虑的贡献，为家庭提供了一个坚实的基础，让家庭成员以更加自信的状态面对可能的地震灾害。

3. 目标

使用 SysML 进行系统建模，使用服务工程方法进行新服务开发，使用离散事件模拟进行过程验证，设计并验证包含新服务的综合家庭连续性计划。

4. 角色和职责

该团队由 4 名成员组成，此外，1 名主导师和 2 名副导师负责帮助团队学习和开展项目。

参与项目的学生的角色和职责如下。

学生 A：项目管理和研究

学生 B：研究和开发设备

学生 C：研究开发 SysML 模型和模拟

学生 D：SysML 模型和仿真模拟

5. 分阶段安排

在本项目中，团队成员通过一系列精心规划的步骤，从理论基础到实践应用，全面地开发和优化了一个针对家庭连续性计划的综合服务平台。

（1）绪论和理论基础

1）SysML 培训。首先，我们为团队成员提供了 SysML 的基础知识培训，重点讲解了如何利用 SysML 图有效地建立系统模型，为后续的服务设计打下坚实的基础。

2）服务工程方法论。接着，我们介绍了服务工程的概念和关键阶段，特别强调了新服务设计和开发的重要性，以确保团队对服务工程有深入的理解。

3）Arena 软件：最后，我们提供了 Arena 软件的培训，重点是构建和运行离散事件模拟，为服务的模拟和优化提供了技术支撑。

（2）问题识别与规划

我们识别了家庭连续性计划在自然灾害和大流行病期间的重要性，并明确了服务设计的范围，包括应急用品、通信系统和备用电源等。

（3）SysML 建模

利用 SysML，我们创建了服务的初始模型，并开发了用例图、活动图和序列图，详细地说明了服务中涉及的交互环节和流程。

（4）服务设计与开发

我们应用服务工程方法，从提出初步想法到制作服务原型，并通过反馈循环不断加以完善。

（5）竞技场模拟

在 Arena 中，我们开发了离散事件仿真模型，模拟了不同场景下的服务运行情况，如紧急情况下的高需求，并分析了模拟结果，找出了潜在的瓶颈和系统在压力下的性能。

（6）集成与验证

我们将 SysML 建模的系统组件与设计的流程进行了集成，并使用 SysML 进行了验证检查，同时对 Arena 模拟进行了进一步的综合测试。

（7）评估和迭代

我们根据预定的性能指标评估了新服务，并根据评估结果进行了迭代设计，以完善服务和仿真模型。

（8）文档和演示

我们以详细报告的形式记录了整个过程和结果，并准备了一份演示文稿，向同行和评估人员展示了项目成果。

（9）同伴互评和反馈

我们组织了同伴互评活动，让学生相互评价对方的项目，并将反馈意见纳入项目文件的最终系统，以进一步提高项目的质量。

通过这一系列细致入微的步骤，我们的团队不仅提升了服务设计的专业性和实用性，还加强了团队成员之间的合作与交流，为家庭连续性计划提供了一个创新、高效和可靠的解决方案。

6. 交付成果

在本项目中，团队成员精心打造了一系列服务设计文件，以构建一个全面的灾害应对和家庭连续性计划（HCP）。

（1）服务设计文件

1）咨询服务：我们的服务提供专业的 HCP 指导，帮助客户针对其特定风险制订个性化的连续性计划。

2）讨论会：在这些互动讨论中，客户将学习关键的防灾知识，通过核对表识别潜在风险，并制定初步的 HCP。

3）网络学习系统：通过这个在线平台，客户可以访问与讨论会相似的资源和功能，包括执行 HCP 的相关服务。

4）交通瘫痪对策：我们提供应对交通瘫痪的策略，例如，提供步行回家的路线图，确保客户在紧急情况下能够安全回家。

5）家庭安全确认：在灾害发生时，我们提供系统以帮助客户快速确认家人的安全状况。

6）生活必需品准备：我们指导客户准备必要的生活物资，以应对灾害期间可能的需求。

7）知识准备：服务涵盖了如何应对灾害的宝贵知识，例如，面对放射性物质的正确做法。

8）替代生命线：我们支持制订和实施电力、煤气、供水和下水道等生命线的替代计划。

9）重要文件副本存储：在灾害导致原始文件丢失的情况下，我们提供重要文件副本的保管服务，以加快恢复过程。

10）固定家具：我们的服务包括固定家具和玻璃门的解决方案，以防止在灾害中发生坠落或破碎。

11）个人保健计划咨询：为客户创建和维护个人保健计划，确保他们的健康需求得到满足。

12）生存研讨会：在这些研讨会上，用户可以学习如何在灾难情况下生存和自救。

（2）SysML 图

HCP 服务的概念功能通过精心设计的用例图在图 4-17 中得到了阐释，该图直观地展示了系统的主要构成和操作流程，涉及 4 个关键利益相关者：客户（Customer）、订阅者（Subscriber）、公共办公室（Public Office）和合作伙伴（Partner），每个角色都在服务生态中扮演独特而重要的角色。

作为一个新推出的服务业务，家庭连续性计划（HCP）对于许多人来说还是一个相对陌生的概念。为了提高公众的认知度并鼓励他们体验服务，HCP 服务采取了一种引人入胜的市场策略：将提供免费服务作为初次接触的方式。

通过图 4-17 的用例图，我们可以清晰地看到 HCP 服务的功能性和用户友好性，以及它如何连接并满足不同利益相关者的需求。这种视觉化表示方法不仅有助于新用户快速把握服务的核心功能，也为服务设计者提供了一个不断优化和改进的参考框架。

通过这些精心设计的服务和 SysML 图，不仅提升了社区的灾害应对能力，也为居民提供了一个更加安全和有准备的环境。

图 4-18 展示了生活必需品准备服务的需求图，这是我们对家庭连续性计划中一个关键组成部分的视觉化呈现。在地震等重大事故发生后，面对可能的商店关闭和供应链中断，确保人们获得基本生活必需品变得至关重要。我们的服务旨在紧急情况下迅速向客户交付这些必需品，以保障他们的基本生活需求。这些需求是基于对客户潜在需求的深入分析和预测得出的，确保了我们的服务能够及时响应客户在灾难发生时的实际需求。

图 4-19 通过串行图的形式，详细展示了服务的整体操作流程。这一流程清晰地阐述了从需求识别到货物分配的每一个步骤，确保了在紧急情况下能够高效、有序地向客户交付生活必需品。在串行图的最后一部分，我们专注于实现"灾害时交付生活必需品"的排序动作。这一关键步骤在图 4-20 中得到了进一步的细化和展示。图 4-20 揭示了在灾难发生时，为确保服务的顺利进行，需要采取的复杂行动和决策过程。

第 4 章 面向智能制造系统（IMS）和服务科学与服务工程的 PBL 示例

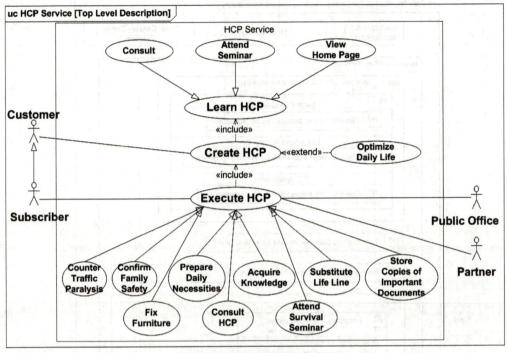

图 4-17 HCP 服务的概念功能

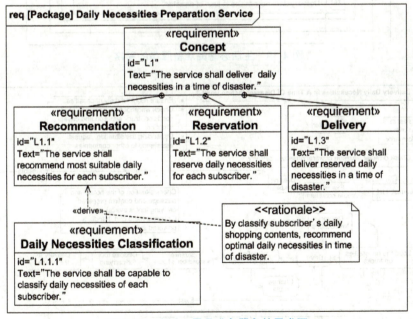

图 4-18 生活必需品准备服务的需求图

为了避免在服务提供过程中出现任何混乱，我们强调了提前检查和准备的重要性。通过预先规划和模拟可能的行动方案，我们可以确保在真正的紧急情况下，我们的服务能够迅速、准确地响应，最大程度减少对客户和社区的影响。

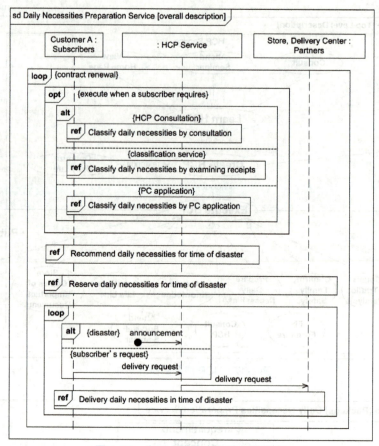

图 4-19　生活必需品准备服务的程序

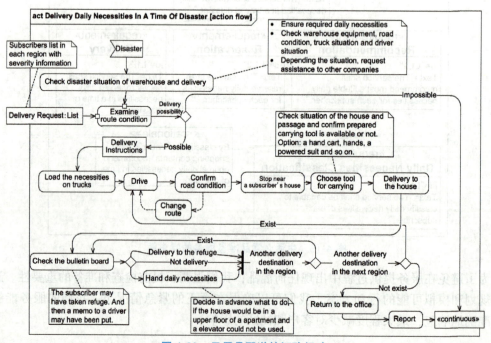

图 4-20　日用品配送的订购行动

采用图 4-21 中描述的 JCSI 因果模型的前半部分作为本次评估的模型。JCSI 是日本客户满意度指数，在这种情况下是一个有用的因果模型。

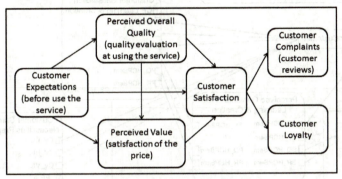

图 4-21　联合协调机制的因果模型

如何计算客户满意度和决策分析的价值，如图 4-22 和图 4-23 所示。

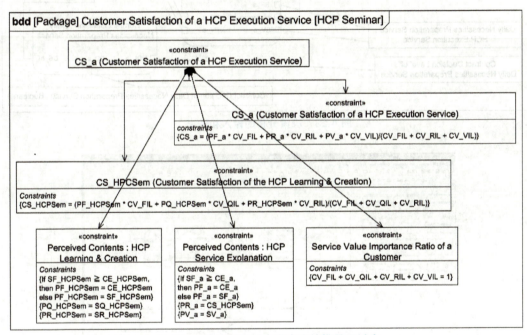

图 4-22　客户对研讨会满意度的推导研讨会

（3）Arena 仿真模型和报告

团队成员在仿真平台 Arena 上成功实现了研讨会（Seminar）的模拟方程，这是项目中一个关键的技术成就。虽然图 4-24 以及本文档中的其他图未能直接呈现，但它们在项目中预定义了方程及其参数，为仿真提供了必要的理论基础和参数设置。

图 4-25 则提供了模拟器的一个直观截图，它展示了模拟器的界面和操作环境。该模拟器界面被精心设计，可以分解为 5 个功能明确的部分，每个部分都针对不同的操作需求和展示信息，从而使得用户能够更加直观和便捷地进行仿真操作和结果分析。这种细致的界面设计不仅提高了仿真过程的效率，也使得即使是初次接触 Arena 平台的用户也能快速上手，进行有效的仿真实验。通过这样的设计，团队成员不仅展示了他们在仿真技术方面的专业能

力，也体现了他们对于用户体验的深思熟虑和精心规划。

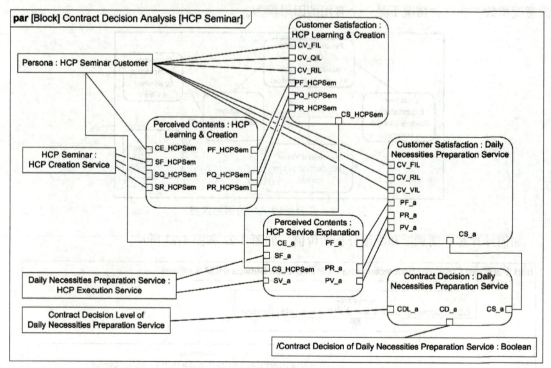

图 4-23　决策分析的输入和输出

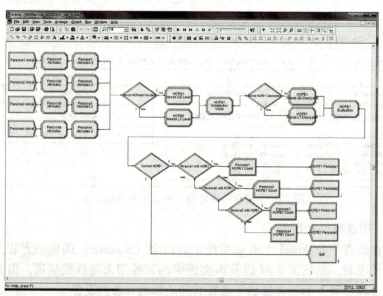

图 4-24　Seminar 的 HCP 服务模拟器

该项目旨在提供全面的学习体验，提高学生在实际场景中应用理论知识的能力，为他们应对系统工程和服务设计方面的专业挑战做好准备。

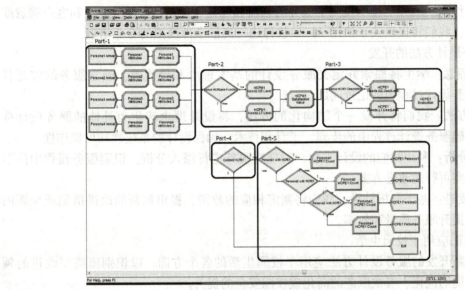

图 4-25　HCP 服务模拟器的 5 个部分

4.2.4　服务设计方法 PLAN 的提案：使用离散事件模拟

1. 项目期限

该项目于 2009 年 4 月至 2010 年 2 月在东京的都立产业技术大学院大学（AIIT）实施。

2. 项目概述

该项目旨在为理工科大学的学生开发一个 PBL 计划，用于设计一种新的服务方法，然后将其应用于改善校园生活的服务设计和实施，这一过程既全面且有启发性。该项目涉及 4 个不同阶段的服务设计方法的概念化，该项目使用服务工程原理和 Arena 软件中的离散事件模拟进行实际应用。

3. 目标

该项目开发了一个包括 4 个关键阶段的服务设计方法：设计理念、逻辑方法、服务分析和政策改进。学生们应用该方法，提出利用服务工程技术和离散事件模拟来验证他们的方案，以改善校园生活。

4. 角色和职责

该团队由 4 名成员组成，此外，1 名主导师和 2 名副导师负责帮助团队学习和开展项目。学生在项目中的角色和职责如下：

学生 A：项目管理和研究
学生 B：服务设计的研究与开发
学生 C：服务设计的研究与开发
学生 D：SysML 模型和仿真的研究与开发

5. 分阶段安排

（1）服务设计和模拟介绍

在服务设计和模拟领域，我们首先需要介绍服务工程的基本概念及其在开发高效、有效服务中的核心作用。服务工程不仅关乎服务的创新和优化，更是确保服务质量和客户满意度的关键。此外，我们将提供关于使用 Arena 软件进行离散事件模拟的专业培训。

（2）服务设计方法的开发

1）设计理念：学生将探索并定义服务设计的基本理念和价值观，确立服务的宏观目标，并考虑服务设计过程中的伦理问题。

2）逻辑方法：我们将开发一个结构化的方法，将设计理念转化为具体的服务设计框架。这包括明确服务设计过程中的步骤、工具和技术，确保设计的系统性和可操作性。

3）服务分析：利用我们的设计方法，对现有服务进行深入分析，识别服务流程中的不足，并提出切实可行的改进方案。

4）政策改进：基于分析结果，我们将制定相应的政策，提出创新的改进措施或全新的服务方案，以提升服务质量和效率。

（3）将方法应用于校园生活

学生将把新开发的服务设计方法应用于校园生活的各个方面，以识别出需要改进的领域，如学习环境的优化、餐饮服务的简化或校园安全的提升。

使用我们定义的步骤，为这些领域开发详尽的服务设计方案，确保每项改进都能满足校园社区的具体需求。

（4）建模和模拟

利用 SysML（系统建模语言），我们将对提出的服务改进方案进行建模，详细描述服务中的交互、流程和数据流。

在 Arena 中，我们将创建离散事件模拟模型，模拟提议的服务在不同场景下的表现，分析服务性能，识别潜在瓶颈，并优化服务参数。

（5）原型开发和用户反馈

我们将为服务改进开发原型或详细的实施计划，并组织用户反馈会议，收集来自其他学生和教职工的宝贵意见，以进一步完善我们的服务方案。

（6）最终评估和演示

根据收集到的反馈和模拟结果，学生将进行最终修订，确保服务设计的完善性和实用性。

学生将准备一份全面的文档，展示其服务设计方法和应用项目的成果，包括图表、模拟数据和用户反馈。

最后，学生将向利益相关者，包括可能的大学管理人员，进行演示，展示提出的服务改进方案和新设计方法的有效性，以及它们将如何提升校园生活的质量和效率。

通过这一系列精心设计和实施的步骤，我们不仅能够提升服务设计的质量和效率，还能确保我们的服务改进方案能够真正满足用户的需求，为校园社区带来积极的变化。

6. 交付成果

（1）服务设计方法文档

在服务设计领域，设计理念阶段扮演着至关重要的角色，它致力于明确服务的核心价值和人们的价值观，同时定义了服务提供方和客户之间的交互过程。在这个阶段，我们采用创意思维和讨论方法，构建角色模型来挖掘和创造价值，并对现有服务进行深入分析和审查，以确保我们的服务设计能够真正满足用户的需求和期望。

逻辑方法阶段则是在设计理念的基础上，通过模拟来验证服务设计的可行性。这一阶段涵盖了创建服务蓝图、设定响应策略（RSP）、选择价值函数、模拟建模和执行模拟等关键步骤。本项目利用离散事件模拟器 Arena，成功创建并模拟了一个模型，这不仅能帮助我们预测服务流程中可能出现的问题，还能优化服务设计，确保其在实际操作中的有效性。

服务分析阶段是在逻辑方法阶段获得的模拟结果的基础上，进一步分析如何最大化客户满意度和利润。我们采用了线性规划优化、排队理论、关键路径方法（CPM）和库存管理等分析技术，以确定服务设计的最优配置。当找到最佳值时，服务设计便宣告完成，服务设计为实现高效、用户友好的服务提供了坚实的基础。

政策改进阶段是一个持续的优化过程，它要求我们根据服务实施现场的反馈和通过问卷调查等手段收集的客户信息，不断考虑服务的改进和后续措施。这一阶段的目的是识别服务中需要改进的地方，并制定相应的改进方案。通过收集和分析现场信息，我们可以对设计理念阶段创建的角色模型和逻辑方法阶段的模拟模型进行调整和优化，以确保服务设计能够满足客户的期望和市场的需求。

角色开发是一种创新的营销方法，它通过在团队成员之间共享虚拟客户形象的信息，加深对客户形象的理解，从而提高产品和服务的质量。角色模型的创建有助于团队成员更好地理解客户需求，设计出更加贴合用户期望的服务。图 4-26 展示了角色模型格式的示例，这为我们提供了一个直观的工具，以可视化和共享客户信息，推动服务设计的持续创新和改进。

图 4-26　角色模型格式

通过这些精心设计和不断优化的阶段，我们的服务设计不仅能够满足当前市场的需求，还能够适应未来的变化，确保服务的长期成功和客户的持续满意。

（2）Arena 模拟报告

根据问卷调查结果，创建 CS 组合，并审查改进服务的方案，如图 4-27 所示。

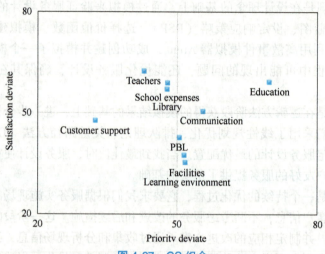

图 4-27　CS 组合

图 4-28 展示了在 Arena 中创建的模拟模型示例。

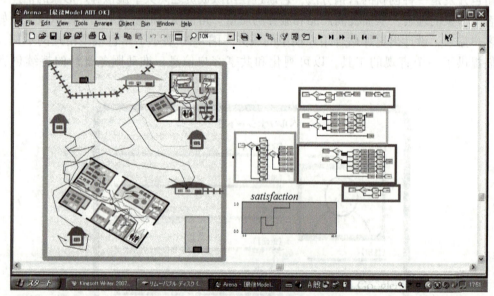

图 4-28　Arena 模拟模型示例

该模型模拟演示了学生在家庭、大学和公司的日常生活活动。

(3) 原型或服务改进计划

图 4-29 展示了改进市中心校园服务前后客户满意度的差异。模拟结果显示，当改进市中心校园服务时，客户满意度提高。

7. 反思

服务设计是一个系统化的过程，它通过 4 个关键阶段来确保服务的高效性和用户满意度。这些阶段可以概括为一个名为"PLAN"的设计方案，它代表了以下步骤：

1) Planning（规划）。在这个阶段，定义服务的目标、目标用户群体以及预期的服务成果。这包括开展市场调研和用户需求分析以确保服务设计能够满足用户的实际需求。

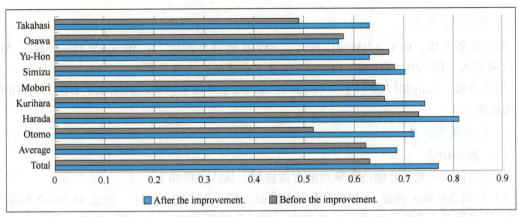

图 4-29　客户满意度比较

2）Laying out（布局）。接下来，设计服务的框架和流程。这涉及服务蓝图的创建，明确服务的各个环节和触点，以及它们如何相互作用以提供无缝的用户体验。

3）Action（行动）。在这一步骤中，将服务设计转化为具体的行动计划，包括制定实施策略、分配资源和确定关键绩效指标（KPIs）。

4）Negotiation（协商）。最后，与所有利益相关者进行沟通和协商，确保服务设计得到有效执行，并能够适应不断变化的市场和用户需求。

此外，角色模型的创建是服务设计中的一个重要组成部分。它帮助我们理解不同用户的需求和行为模式，从而设计出更加个性化和有效的服务。通过离散事件模拟，我们可以在实施之前验证服务设计的有效性。这种模拟方法允许我们在控制环境中测试服务流程，预测潜在问题，并评估改进方案。

经过模拟验证，我们确认了改进方案的有效性。展望未来，我们希望将这些改进方案应用于实际服务中，并与客户满意度等关键指标进行比较，以进一步验证我们的方法。这种持续的反馈循环将使我们不断优化服务，提高用户满意度，并在竞争激烈的市场中保持领先。

4.2.5　增强现实环境下模型的构建、加载与定位

1. 学习目标

本项目旨在通过模型构建、加载与定位，解决现实环境中实现工业装配过程的验证问题。具体目标如下：

（1）模型构建

构建具备父子关系并能够进行驱动的虚拟模型，包括使用 3ds Max 软件创建和导出 AUBO-i5 机器人模型，确保各个关节的运动固定在 Z 轴上，并建立父子关系。

（2）模型定位

导入并准确定位虚拟模型，使虚拟环境与实际环境一致，包括利用 Vuforia 的图像跟踪功能进行初步定位，通过移动定位图片实现初步定位，使用交互按钮进行精确定位，确保虚拟模型与实际模型的相对位置一致。

（3）交互设计

设计并实现与虚拟模型的交互界面，提升操作便捷性和准确性。其中包括创建 UI 界面，添加功能脚本，实现模型位置调整、实现验证、实时显示机器人的运动状态等功能。

2. 系统运行环境

硬件配置要求：CPU 7th i5、4G 内存、100GB 硬盘空间以上；Microsoft HoloLens2；AUBO-i3 机器人；HIKPROBOT MV-CE050-31GM 工业相机；大寰机器人 AG-95 夹爪。

软件要求：Unity2017 及以上；Visual Studio 2022 及以上；VisionMaster4.1.0；AUBOPE-V4 虚拟机。

3. 系统搭建步骤

（1）模型构建

构建具备父子关系并能进行驱动的虚拟模型，具体流程如下：

1）使用 3ds Max 创建 AUBO-i5 机器人模型。打开 3ds Max 软件，创建 AUBO-i5 机器人模型，确保每个关节的运动固定在 Z 轴上。然后设置正确的运动约束，使各个关节的运动符合实际机器人的运动范围和方向。

2）建立父子关系。将机器人模型的底座设置为根节点。依次将 joint1、joint2 等关节设置为其上一级关节的子对象，建立层次结构，以确保关节间的运动不会相互干扰。具体模型如图 4-30 所示。

3）导出模型。将构建好的模型导出为 FBX 格式，便于后续导入到 Unity 中。

（2）模型定位

在确保虚拟环境与实际环境一致时，导入并准确定位虚拟模型，并建造反映实际环境情况的数字孪生模型的具体步骤如下：

1）导入模型到 Unity。打开 Unity，创建一个新的 3D 项目，随后将导出的 FBX 模型文件导入 Unity 项目，并将模型添加到场景中，如图 4-31 所示。

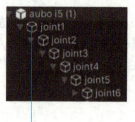

图 4-30　父子关系　　　　图 4-31　导入 Unity 中的机器人模型

2）配置 Vuforia。下载并将 Vuforia Engine 导入 Unity 项目。Vuforia 用于图像跟踪和增强现实应用。在 Vuforia 开发者门户创建一个许可证密钥，并将其添加到 Unity 项目中以激活 Vuforia 功能。

3）设置图像跟踪。

① 在 Vuforia 中创建一个 AR Camera，并删除场景中的默认相机。AR Camera 用于捕捉现实世界的图像，并在其上叠加虚拟模型。

② 添加一个 Image Target，将其设置为 AR Camera 的子对象。Image Target 用于识别和跟踪特定图像，并在其上显示虚拟模型。

③ 为了确保模型在现实世界中的精准定位，将校徽图片作为图像目标上传，并将其设置为 Image Target 的数据库和目标。

4）初步定位。

① 在操作过程中，将机器人模型和车模型作为 Image Target 的子对象，调整其相对位置。初步定位旨在确保模型在现实世界中的大致位置。

② 在 HoloLens2 设备上运行项目，观察模型在物理空间中的初步定位效果。通过调整图像目标的位置，确保模型大致符合实际位置。

5）精确定位。

① 在构建用户界面 UI 时，引入一个位置调整按钮。这些按钮旨在为用户提供对模型位置的精确控制，以确保模型与实际环境的位置保持一致。

② 针对每个位置调整按钮，编写相应的脚本，以实现模型在 X、Y、Z 三个方向轴上的细微调整。用户通过按钮实现对模型位置的精确操控，确保模型与实际环境精确对齐。

③ 通过点击按钮精确调整模型的位置，确保其与实际环境中的位置一致。图 4-32 展示了模型的精确定位过程。

图 4-32 精确定位

(3) 交互设计

设计并实现与虚拟模型的交互界面，提升操作便捷性和准确性，具体流程如下：

1）创建 UI 界面。使用 Unity 中的 Canvas 组件创建一个用户（UI）界面，用于显示控制按钮和信息，以便用户与模型交互。然后添加背景板、文本、按钮等 UI 元素，设置其材质、位置和大小。设计直观的界面，方便用户操作。

2）添加功能脚本。为每个按钮编写功能脚本，设置按钮的点击事件。功能脚本用于实现按钮的具体功能，如移动模型、开始验证等。例如，创建"开始验证"按钮的脚本，当点击时触发模型定位过程。

3）实现 TCP 连接。创建一个 Transmission Control Protocol（TCP）连接界面，包含 IP 地址输入框和连接按钮。TCP 连接用于实现 HoloLens2 与 AUBO-i5 机器人之间的数据传输。

编写对应的脚本，用于实现 HoloLens2 与 AUBO-i5 机器人之间的 TCP 连接，并确保数据的实时传输，如图 4-33 所示。

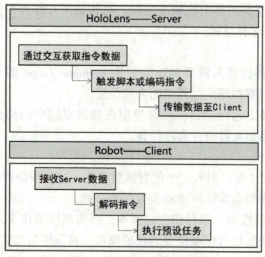

图 4-33　TCP 连接示意图

4）位姿显示 UI。创建一个显示机器人实时位姿的 UI 面板。位姿显示 UI 用于实时监控机器人的运动状态。编写对应的脚本，获取机器人当前的关节角度和位置信息，并显示在 UI 面板上。

根据以上步骤，通过模型构建、加载与定位，为现实环境中实现工业装配过程的验证问题提供了可靠的解决方案。

4.2.6　模型驱动和碰撞检测

1. 学习目标

本项目旨在通过构建并驱动数字孪生模型以及实现碰撞检测，验证工业装配过程的路径有效性。具体目标包括：

（1）模型驱动

通过 TCP 连接传输运动参数，驱动机器人孪生体与实体机器人同步运动，实现虚实结合。

（2）碰撞检测

在虚拟环境中检测机器人孪生体与其他虚拟模型之间的碰撞，并提供路径有效性的反馈。

2. 系统运行环境

硬件配置要求：CPU 7th i5、4GB 内存、100GB 硬盘空间以上；Microsoft HoloLens2；AUBO-i3 机器人；HIKPROBOT MV-CE050-31GM 工业相机；大寰机器人 AG-95 夹爪。

软件要求：Unity2017 及以上；Visual Studio 2022 及以上；VisionMaster4.1.0；AUBOPE-V4 虚拟机。

3. 系统搭建步骤

（1）TCP 连接

通过应用 TCP/IP 协议，建立机器人端与 HoloLens2 端之间的稳定连接，为数字孪生的数据提供可靠传输通道，确保双方间数据的高效传递。

1) TCP 协议概述。TCP 协议是面向连接的、可靠的、基于字节流的传输层协议。其主要用于确保数据在不同操作系统和硬件体系结构的互联网中的可靠传输。在本项目中，选择 TCP 协议是因为它在数据传输的可靠性上优于 User Datagram Protocol（UDP）协议，能够满足机器人运动的精度要求。

2) 机器人端设置。AUBO-i5 机器人采用 Lua 语言作为编程语言，并通过其内置的脚本接口实现 TCP 连接功能。本项目在机器人端编写脚本，通过调用 connect 函数连接 HoloLens2 的 IP 地址和端口，连接成功后机器人可发送和接收字符串数据。

3) HoloLens2 端设置。在 HoloLens2 端创建 TCP 服务器脚本，监听特定端口，并接收机器人端发送的关节角数据。然后通过调用 listen 和 recv_str_data 函数接收数据，并存储为待处理的运动参数，如图 4-34 所示。

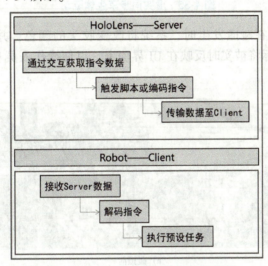

图 4-34　TCP 客户端与服务端示意图

（2）驱动机器人孪生体

根据接收到的运动参数，实时驱动机器人孪生体，实现虚实同步。

1) 孪生体运动形式及驱动方式。定义机器人各个部分的父子关系。将机器人底座设置为根节点，各关节依次设置为其上一级关节的子对象，确保关节间的运动不互相干扰。然后编写驱动脚本，以关节角 1 为例，定义 joint1、Point 和 Point2 等对象，通过计算关节角的实际值驱动孪生体。

2) 孪生体驱动过程。首先，在 Unity 中编写脚本，实时接收 TCP 传输的关节角数据，并据此更新孪生体的关节角。然后，通过公式计算关节角 theta 的实际数值，基于接收的数据进行正向或反向转动。最后，通过驱动过程的测试验证，确保孪生体能够准确地根据接收的数据进行运动，虚实同步孪生体驱动如图 4-35 所示。

（3）碰撞检测

在虚拟环境中实现碰撞检测，提供路径有效性的反馈。

1) 碰撞检测算法。在 Unity 中，为机器人孪生体的关键部位配置碰撞检测器。针对胶头部分，添加多个绿色圆柱体作为检测对象。然后设置碰撞检测器的标签，并编写相应的脚本程序，从而实时检测胶头与车体之间的碰撞。

图 4-35　虚实同步孪生体驱动

2）碰撞检测实现。在碰撞发生时，系统将改变胶头的颜色，并记录碰撞点的坐标信息。随后，碰撞点的坐标将被实时反映在 UI 界面上，以便操作人员观察和调整路径。碰撞检测如图 4-36 所示。

a）碰撞前

b）碰撞后

图 4-36　碰撞检测

3）验证过程。通过 UI 界面完成 TCP 连接和模型定位。点击验证按钮开始路径验证过程，然后实时监控碰撞情况，根据碰撞检测的反馈，调整或重新规划涂胶路径。

本项目通过 TCP 连接实现了实体机器人与数字孪生体的实时数据传输，并在虚拟环境中通过碰撞检测算法提供了路径有效性的反馈。操作人员通过 AR 设备观察和操作虚拟模型，验证工业装配过程的路径有效性，从而优化生产流程、降低生产成本。通过以上步骤，我们完成了增强现实环境下模型驱动和碰撞检测的系统搭建，为工业装配过程的验证提供了可靠的解决方案。

4.3 其他 PBL 主题

本节将介绍 2 个与制造业中机器人应用相关的 PBL 主题。

4.3.1 提高装配线上的精确度与协作机器人

在制造业这一充满挑战与机遇的领域，"自动化精密装配"的问题已然成为研究的热点，特别是在对精度和一致性有着极高要求的电子或汽车制造行业。面对这一挑战，结合项目式学习（PBL）与协作机器人的创新方法不仅提升了生产的效率，更确保了产品质量的稳定性。具体解决步骤如下所示，每个步骤包括对应目标和活动。

步骤 1　协作机器人的引入与应用。

目标：向学生展示协作机器人在制造环境中的潜力，尤其是在执行精密装配任务时的卓越表现。

活动：通过讲座和案例研究，深入讲解协作机器人的安全特性、灵活性，以及它们如何轻松集成到现有系统中，并强调其在满足行业高标准中的关键作用。

步骤 2　问题界定与需求分析。

目标：明确可以通过协作机器人集成受益的具体装配任务，并据此确定项目的具体需求。

活动：实地考察制造设施，与工程师和管理人员沟通，识别高精度任务的挑战，选择一个具有代表性的任务作为项目的重点。

步骤 3　项目规划与团队构建。

目标：确立项目框架，明确目标，并组织学生团队。

活动：构建跨学科团队，制定项目时间表，分配角色和责任，确保团队成员的能力得到充分发挥。

步骤 4　设计与仿真。

目标：设计协作机器人系统，并通过仿真模拟其在选定任务中的集成。

活动：利用 CAD 软件和仿真平台，进行协作机器人的动作和任务执行模拟，不断迭代优化设计。

步骤 5　开发与编程。

目标：为特定装配任务开发和编程协作机器人。

活动：开发控制算法、集成传感器和视觉系统，进行初步测试和系统调试。

步骤 6　测试与优化。

目标：在模拟制造环境中测试协作机器人，并优化其性能。

活动：收集性能数据，评估精度和速度，根据反馈进行迭代改进。

步骤 7　实施与集成。

目标：在真实环境中实施协作机器人，并与现有流程集成。

活动：逐步集成协作机器人到装配线，监控和调整操作，为工人提供培训以确保人机协作的顺畅。

步骤 8　文档编制、展示与评估。
目标：记录项目全过程，并向利益相关者进行最终汇报。
活动：编制详细文档，准备汇报演示，讨论项目成果和潜在的扩展性。
步骤 9　反思与未来工作。
目标：反思学习经验，探索未来的改进方向。
活动：召开会议，评估项目成果，讨论遇到的挑战和解决方案。

这一结构化的方法不仅能培养学生在设计和实施协作机器人方面的专业技能，而且强调了批判性思维、团队合作和解决实际问题能力的培养，为学生提供了一个全面而深入的学习体验。

4.3.2　使用群体机器人简化制造业物流

在项目式学习（PBL）的框架下，群体机器人技术的应用为解决现实世界中的制造问题提供了创新的解决方案。特别是在大型制造设施的物料搬运和物流管理中，群体机器人技术展现出了其独特的优势。它们通过高效地管理库存、简化物料流动流程，并确保资源在需要时能够迅速到位，有效减少了生产停机时间，显著提升了运营效率。具体解决步骤如下，每个步骤包括对应目标和活动。

步骤 1　群体机器人技术的引入。
目标：使学生对群体机器人的工作原理及其在制造业物流中的潜在应用有一个全面的了解。
活动：通过讲座和案例研究，深入探讨群体机器人的协调机制、分布式问题解决能力和自主决策过程，以及它们在物流和库存管理中的应用。
步骤 2　问题定义与需求分析。
目标：明确并分析制造环境中可以通过群体机器人技术改进的具体物流挑战。
活动：实地考察制造工厂，识别物料处理和物流中的低效环节，与工厂管理层和一线工人进行深入交流，全面了解现有挑战。
步骤 3　项目规划与团队构建。
目标：确立项目目标，组建跨学科团队，并规划项目开发流程。
活动：形成专注于机器人设计、控制系统、软件开发和系统集成的团队，制定详细的项目时间表，确保项目按计划推进。
步骤 4　群体机器人系统设计。
目标：设计一个定制化的群体机器人系统，以解决已识别的物流问题。
活动：开展工作坊，设计能够在制造环境中高效导航并处理特定物料的机器人，运用仿真群体算法优化机器人的路径规划和资源分配。
步骤 5　开发与编程。
目标：开发并编程群体机器人，使其能够有效地执行物流任务。
活动：举行编程会议，专注于为机器人的协作任务编写算法，进行群体测试，确保机器人间的有效交互。
步骤 6　模拟环境实施。
目标：在模拟的制造环境中部署机器人系统，评估其性能。

活动：使用缩小模型或虚拟仿真测试群体机器人的性能，收集数据，优化算法和协调机制。

步骤7 评估与优化。

目标：评估系统性能，进行必要的调整以适应实际应用。

活动：分析性能指标，优化控制系统和运营策略，提高物流效率。

步骤8 文档编制与成果展示。

目标：记录项目过程，准备向利益相关者展示项目成果。

活动：编制详细文档，制作演示文稿，向行业专家和教师展示项目成果。

步骤9 反思与未来方向。

目标：反思项目经验，探索未来发展方向。

活动：进行小组讨论，评估项目成果，举行头脑风暴会议，探讨项目改进和扩展的可能性。

这一 PBL 计划通过将群体机器人技术融入复杂的制造环境中，为学生提供了一个深入的学习和实践平台，使学生能够在解决实际物流挑战的同时，提升技术技能和创新能力。

第 5 章　工科教育中 PBL 的未来

📀 导　　读

本章深入探讨了项目式学习（PBL）在工科教育中的应用，分析了其在工科教育中的趋势、挑战和未来机遇。PBL 通过实践项目提升学生的技术和软技能，以适应工程实践的需求。本章首先介绍了 PBL 的当前趋势，重点阐述了 PBL 在工科教育中的数字工具集成、跨学科项目、软技能培养、可持续性和伦理、全球合作，然后探讨了 PBL 中评估复杂性、资源密集性、可扩展性、公平参与和教师培训等情况，同时本章展望了 PBL 的未来，包括与业界合作、结合新兴科技、远程协作、可持续发展和可定制的教育路径，并提出了评估标准化、质量控制、教师发展与支持、资源分配和公平与机会等问题。最后，本章提供了改进 PBL 实施和推进研究的建议，如激发团队动力、整合跨学科项目、技术利用、与行业伙伴合作和持续改进。

📀 本章知识点

- PBL 的当前趋势
- PBL 的实施问题
- PBL 的未来机遇与挑战
- 面向 PBL 实践者和研究者的建议

5.1　PBL 在工科教育中的当前趋势和问题

PBL 符合现实世界中工程实践的要求，被认为是工科教育中一种有效的教学方法。以下是对 PBL 在工科教育领域中当前趋势和问题的介绍。

5.1.1　当前趋势

PBL 在工科教育中的当前趋势如下。

1. 数字工具的集成

随着信息技术的高速发展，将数字工具和软件融入 PBL 已是大势所趋。为增强学生的学习体验，仿真软件、计算机辅助设计（CAD）和虚拟现实（VR）等数字工具在项目中越来越普遍。

2. 跨学科项目

PBL 越来越多地采用跨学科合作的方式，让来自不同院系甚至不同工程领域（如商学或设计）的学生共同参与项目。这种方法反映了现实世界的真实情况，即复杂的问题往往需要跨学科的解决方案。

3. 专注于软技能

除技术技能外，在 PBL 框架内，人们越来越重视培养通用的软技能，如团队合作、沟通协作、解决问题和领导能力。这些技能对于在工科领域取得项目成功至关重要。

4. 可持续性和伦理

人们越来越关注项目中的可持续性和伦理因素，这一转变反映了人们对工程解决方案对环境和社会的影响的认识和重视程度在不断提高。

5. 全球合作

一些 PBL 计划涉及国际机构间的合作，往往涉及解决气候变化或可再生能源技术等全球性问题，这种全球视角为学生适应相互联系的世界做好了准备。

6. 增加在线和混合学习模式

在工程教育中在线和混合学习模式被不断使用，PBL 也需要针对这些模式进行调整，同时利用数字协作工具来远程实现团队合作和项目管理。

5.1.2 问题

当前 PBL 在工科教育中的问题如下。

1. 评估方面

评估学生在 PBL 过程中的表现可能很复杂，传统的考试和测验可能无法有效衡量活动中获得的知识和技能。同时，制定公平、全面的评估方法，以反映个人的贡献和团队的表现仍然具有挑战性。

2. 资源密集

基于项目的学习方法是资源密集型方法，会使用最新的技术、材料和设备，同时需要教师投入大量的时间来指导学生。这可能会造成预算和教师工作量上面的压力，尤其是在规模较大或资源不足的院校。

3. 可扩展性

由于 PBL 教学法具有实践性和独特性的特点，所以在大班教学中实施 PBL 教学法可能会很困难。如何在不降低教学效果的情况下扩大 PBL 的规模，尤其是在拥有大型工科院系的院校中，是一个急需解决的问题。

4. 确保公平参与

在以团队为基础的项目中，确保所有学生积极参与并从中受益是一项挑战。搭便车或由更自信的学生主导这些现象可能会影响一些团队成员的学习效果。

5. 教师的培训和阻力

并不是所有的教师都接受过 PBL 方法的培训，也不是所有的教师都能适应 PBL 方法，有些教师可能会不愿意放弃传统的讲授式教学方法，所以为教师提供充分的培训和支持以有效实施 PBL 至关重要。

随着 PBL 在工科教育中的发展，解决这些问题将最大限度地提高其有效性，并确保所有学生能获得在未来职业生涯中所需的重要技能和知识。

5.2 PBL 在工科教育中的未来机遇与挑战

PBL 越来越被视为工科教育中的一种重要教学方法，其目的是弥合理论与实践之间的差距。展望未来，将 PBL 纳入工科相关课程的机遇与挑战并存。

5.2.1 未来机遇

PBL 在工科教育中的未来机遇如下：

1. 加强与业界的合作

PBL 可为学生提供与业界合作的机会，学生可以直接从企业发现实际问题、获得问题的解决方法，从而增强学习体验，并通过提供实践经验和与业界建立联系的机会，提高学生未来的就业能力。

2. 结合新兴科技

人工智能（AI）、物联网（IoT）和区块链等新兴技术的快速发展为 PBL 项目开辟了新的领域。将这些技术整合到项目中，可以让学生亲身体验最前沿的科学技术。

3. 远程协作工具的进步

随着虚拟协作平台的改进，学生甚至可以在远程环境中有效参与 PBL 项目。这可以扩大项目范围，包括国际合作，且不需要亲临现场。

4. 重视可持续发展

随着与全球可持续发展相关的挑战加剧，PBL 以解决这些问题为导向，使工科教育与全球可持续发展目标保持一致，并使学生能够批判性地思考项目对环境的影响。

5. 可定制的教育路径

PBL 可以提供更加个性化的学习过程。学生可以选择与自己的职业兴趣和个人爱好相关的项目，从而获得对学生来说更有吸引力和更感兴趣的教育。

5.2.2 未来挑战

PBL 在工科教育中的未来挑战如下：

1. 评估标准化

PBL 面临的主要挑战之一是制定公平、可靠和有效的评估策略，对学习过程和学习成果进行评估。既要使这些评估标准化，又要兼顾项目的多样性，这仍然是一个复杂的问题。

2. 质量控制

确保各种不同 PBL 项目的质量和学习效果保持一致是一项较大挑战，尤其是随着项目规模的扩大。各院校必须制定强有力的质量控制框架，以保持较高的项目管理和成果评估标准。

3. 教师发展与支持

要有效地促进开展 PBL 教学，需要不断进行大量的教师专业培训与讨论。此外，克服传统教育工作者对非传统教学方法的抵触情绪仍然是一个障碍。

4. 资源分配

PBL 需要大量的时间、资金和设备资源。确保持续的资金投入和有效管理这些资源，尤其是在规模较大的院校或公立院校中，是一项重大挑战。

5. 公平与机会

确保所有学生都能平等获得 PBL 的好处，包括获得技术和在团队环境中做出有意义贡献的机会，这一点至关重要。解决学生背景、准备情况和资源可用性方面的差异对于公平实施 PBL 至关重要。

6. 可扩展性

虽然 PBL 在小班教学中非常有效，但在本科大班教学中复制这种成功却很困难。制定既能扩大 PBL 的规模又不削弱其效果的战略是一项持续的挑战。

随着 PBL 方法的成熟和发展，应对以上这些挑战，同时利用新出现的机遇，将是 PBL 成功融入工科教育的关键。这种方法可以极大地提高学习效果，可以让学生更好地为现代工程职业中所遇到的复杂性问题做好准备。

5.3 对 PBL 实践者和研究者的建议和意见

项目式学习（PBL）是一种充满活力的教育方法，可以增强工程学科和其他交叉学科的学习体验。对于致力于实施和研究 PBL 的实践者和研究人员来说，希望以下建议和意见可以帮助他们改进实践和推进该领域的研究。

5.3.1 PBL 实践者

强调反思性实践：鼓励学生在整个项目中进行反思性练习，有助于将他们所学知识内化，并了解如何在不同情境中应用所学知识。

1. 激发团队动力

在 PBL 课程开始时，为学生提供团队合作技能和解决冲突方面的培训。监测小组动态，必要时进行干预，以确保所有成员积极参与并从项目中获益。

2. 整合跨学科项目

开发需要不同学科知识的项目，体现现实世界的技能整合。这有助于学生看到其所学知识更广泛的应用，并为他们应对复杂的实际问题做好准备。

3. 技术利用

利用数字工具和平台促进 PBL 提高项目的真实性和效率，包括项目管理软件、协作工具和特定行业技术。

4. 与行业伙伴合作

与行业伙伴建立合作关系，为学生提供需要解决的实际问题和专业人士的潜在指导。这不仅能增强学习体验，还有助于建立人际关系网络和就业安置。

5. 注重持续改进

定期更新和完善项目，以确保其相关性和挑战性。征求学生和业界伙伴的反馈意见，以提高 PBL 的质量和影响。

5.3.2 PBL 研究者

研究长期影响：调查 PBL 对学生职业生涯和教育成果的长期影响。了解其影响有助于调整 PBL 方法，帮助学生为未来职业成功做好准备。

1. 探索评估方法

研究能够准确反映学生在 PBL 环境中的学习和贡献的创新评估策略。重点是开发可靠有效的方法，这些方法可以在不同的环境中实现标准化。

2. 分析资源分配

研究 PBL 的成本效益和资源利用情况，以便各机构深入了解如何可持续地大规模实施 PBL 方法。

3. 评估方法整合

研究评估方法如何影响 PBL 的过程和结果。研究领域可包括虚拟现实、仿真工具以及远程协作等工具在加强 PBL 方面的有效性。

4. 调查公平问题

探讨如何调整或加强 PBL，以确保所有学生，特别是来自代表性不足或弱势背景学科的学生，都能公平参与并从中受益。

5. 跨学科研究

开展跨学科研究，了解 PBL 如何在不同的教育背景下发挥作用，以及哪些最佳实践项目具有普遍适用性或针对某些特定领域。

通过关注这些建议和意见，PBL 实践者和研究者可以为开发更有效、更包容、更可持续的 PBL 实践做出贡献，从而提高教育成果，有助于学生为未来职业中将遇到的复杂问题做好准备。

参考文献

[1] DONNELLY R, FITZMAURICE M. Collaborative project-based learning and problem-based learning in higher education: a consideration of tutor and student role in learner-focused strategies [M] //Emerging issues in the practice of university learning and teaching. Dublin: AISHE/HEA, 2005.

[2] BELL S. Project-based learning for the 21st century: skills for the future [J]. The Clearing House: A Journal of Educational Strategies, Issues and Ideas, 2010, 83 (2): 39-43.

[3] KOLMOS A. Premises for changing to PBL [J]. International Journal for the Scholarship of Teaching and Learning, 2010, 4 (1): 4.

[4] EDSTRÖM K, KOLMOS A. PBL and CDIO: complementary models for engineering education development [J]. European Journal of Engineering Education, 2014, 39 (5): 539-555.

[5] GUO P Y, NADIRA S, LYSANNE S P, et al. A review of project-based learning in higher education: student outcomes and measures [J]. International Journal of Educational Research, 2020, 102: 101586.

[6] LU Y, XU X, WANG L. Smart manufacturing process and system automation—a critical review of the standards and envisioned scenarios [J]. Journal of Manufacturing Systems, 2020, 56: 312-325.

[7] ROSEN R, VON WICHERT G, LO G, et al. About the importance of autonomy and digital twins for the future of manufacturing [J]. IFAC-PapersOnLine, 2015, 48 (3): 567-572.

[8] SMARTSHEET. The enterprise work management platform [EB/OL]. (2017-05-25) [2024-06-02]. https://www.smartsheet.com/.

[9] TENCENT. VooV meeting, an expert in conferencing [EB/OL]. (2021-03-23) [2024-06-02]. https://voovmeeting.com/.

[10] MICROSOFT TEAMS. Get ready for the future of work with Microsoft teams [EB/OL]. (2017-03-01) [2024-06-02]. https://www.microsoft.com/en-us/microsoft-teams/group-chat-software.

[11] HUTH E. Google workspace user guide: a step by step manual with illustrations for beginners and seniors to master the workspace [M]. Michigan: Independently published, 2022.

[12] Moodle. Moodle community [EB/OL]. (2002-08-01) [2024-06-02]. https://moodle.org/.

[13] Instructure. Yes, you can with canvas [EB/OL]. (2015-11-13) [2024-06-02]. https://www.instructure.com/.

[14] Blackboard. Did you know Blackboard is now Anthology? [EB/OL]. (2020-02-08) [2024-06-02]. https://www.blackboard.com/.

[15] Powerschool. Personalized education for every journey [EB/OL]. (2021-07-29) [2024-06-02]. https://www.powerschool.com/.

[16] Brightspace. So much more than a learning management system [EB/OL]. (2022-02-14) [2024-06-02]. https://www.d2l.com/brightspace/.

[17] Sakai. Information technology services educational technologies [EB/OL]. (2014-06-27) [2024-06-02]. https://sakai.unc.edu/welcome/.

[18] Edmodoworld. Edmodo takes learning beyond the classroom [EB/OL]. (2017-06-20) [2024-06-02]. https://

www. edmodo. com/.

[19] Google Classroom. Getting started with Google classroom [EB/OL]. (2014-05-07) [2024-06-02]. https: //edu. gcfglobal. org/en/google-classroom/getting-started-with-google-classroom/1/.

[20] BRASSLER M, DETTMERS J. How to enhance interdisciplinary competence—interdisciplinary problem-based learning versus interdisciplinary project-based learning [J]. Interdisciplinary Journal of Problem-Based Learning, 2017, 11 (2): 12.

[21] KOLMOS A, HOLGAARD J E. Alignment of PBL and assessment [J]. Journal of Engineering Education-Washington, 2007, 96 (4): 1-9.

[22] Cornell University Center for Teaching Innovation. Using rubrics [EB/OL]. (2023-11-08) [2024-06-04]. https: //teaching. cornell. edu/teaching-resources/assessment-evaluation/using-rubrics.

[23] ZHU X, JIAN J. Faculty development in Chinese higher education—concepts, practices, and strategies [M]. Singapore: Springer Singapore, 2019.

[24] KOLMOS A, DU X, DAHMS M, et al. Staff development for change to problem based learning [J]. International Journal of Engineering Education, 2008, 24 (4): 772-782.

[25] Aalborg University. PBL academy [EB/OL]. (2020-05-08) [2024-06-03]. https: //www. pbl. aau. dk/? page=1.

[26] Delft University of Technology. Train the trainer [EB/OL]. (2021-04-19) [2024-06-03]. https: //www. tudelft. nl/en/tpm/dce/projects/train-the-trainer.

[27] MIT. Teaching + learning lab [EB/OL]. (2013-05-31) [2024-06-03]. https: //tll. mit. edu/.

[28] ISO. Project, programme and portfolio management-context and concepts [EB/OL]. (2021-03-23) [2024-06-03]. https: //www. iso. org/standard/75704. html.

[29] Project Management Association of Japan. P2M Third edition [EB/OL]. (2016-12-12) [2024-06-03]. https: //www. pmaj. or. jp/ENG/p2m/p2m_guide/P2M_Bibelot (All) _R3. pdf.

[30] DEPAIRE B. Lecture notes for project management [EB/OL]. (2019-12-26) [2024-06-02] https: //bookdown. org/content/e12712f9-eea3-49cb-ad8d-a3e908f52a2f/.

[31] KRAMER S W, JENKINS J L. Understanding the basics of CPM calculations: what is scheduling software really telling you? [C] //2006 PMI Global Congress Proceedings, 2006.

[32] GLOBERSON S. PMBOK and the critical chain [J]. PM Network, 2000, 14 (5): 63-66.

[33] PlanetTogether. Gantt charts as a tool for production planning and control [EB/OL]. (2020-12-29) [2024-06-03]. https: //www. planettogether. com/blog/gantt-charts-as-a-tool-for-production-planning-and-control.

[34] SCHULTZ T W. More experiences with Microsoft project in senior design classes [J]. Engineering Education for the 21st Century, 1995, 1 (sec2c3): 8-11.

[35] TUCKMAN B W. Developmental sequence in small groups [J]. Psychological Bulletin, 1965, 63 (6): 384-399.

[36] LAND S K. The importance of deliberate team building: a project-focused competence -based approach [J]. IEEE Engineering Management Review, 2019, 47 (2): 18-22.

[37] BELBIN R M. Team roles at work [M]. 2nd ed. Oxford: Taylor & Francis, 2010.

[38] MCKAY A S, REITER-PALMON R, KAUFMAN J C. Creative success in teams [M]. New York: Academic Press, 2020.

[39] GAO Y, LI P, ZHANG S, et al. Research on the influence of the team conflict to team performance of high-tech enterprises [C] //2014 International Conference on Management Science & Engineering, 21st Annual Conference Proceedings, Helsinki, Finland, 2014: 1041-1046.

[40] ELLIS G. Project management in product development: leadership skills and management techniques to deliver

great products [M]. Oxford: Butterworth-Heinemann, 2015.

[41] RUBIN K. Essential Scrum: a practical guide to the most popular agile process [M]. Redding, Massa Chusetts: Addison-Wesley Signature Series, 2012.

[42] HOLT J. Systems engineering demystified: apply modern, model-based systems engineering techniques to build complex systems [M]. Birmingham: Packt Publishing, 2023.

[43] SEIDL M, SCHOLZ M, HUEMER C, et al. UML @ Classroom: an introduction to object-oriented modeling [M]. Berlin: Springer, 2015.

[44] FRIEDENTHAL S, MOORE A, STEINER R. A practical guide to SysML: the systems modeling language [M]. 3rd ed. San Francisco: Morgan Kaufmann, 2014.

[45] GPSS/H. Serving the simulation community since 1977 [EB/OL]. (1961-10-01) [2024-06-03]. https://www.wolverinesoftware.com/GPSSHOverview.html.

[46] SIMPLY. Project description [EB/OL]. (2013-10-12) [2024-06-03]. https://pypi.org/project/simpy/.

[47] Ansys. Ansys fluent fluid simulation software [EB/OL]. (1996-06-20) [2024-06-03]. https://www.ansys.com/products/fluids/ansys-fluent.

[48] OPENMODELICA. OpenModelica introduction [EB/OL]. (2021-12-23) [2024-06-03]. https://openmodelica.org/.

[49] LYNCH K M, PARK F C. Modern robotics: mechanics, planning, and control [M]. Cambridge: Cambridge University Press, 2017.

[50] HÄGELE M, NILSSON K, PIRES J N, et al. Industrial robotics [M]. Berlin: Springer Handbook of Robotics, 2008.

[51] LOPER M L. Modeling and simulation in the systems engineering life cycle core concepts and accompanying lectures [M]. London: Springer, 2015.

[52] EYRING A, HOYT N, TENNY J, et al. Analysis of a closed-loop digital twin using discrete event simulation [J]. The International Journal of Advanced Manufacturing Technology, 2022, 123: 245-258.

[53] DEMIRKAN H, SPOHRER J C, KRISHNA V. The science of service systems [M]. London: Springer, 2011.

[54] KARWOWSKI W, SALVENDY G. Introduction to service engineering [M]. New York: John Wiley & Sons, Inc., 2010.

[55] BERGER C, BLAUTH R, BOGER D, et al. Kano's methods for understanding customer-defined quality [J]. Center for Quality Management Journal, 1993, 2: 3-36.

[56] PRUITT J, ADLIN T. The persona lifecycle: keeping people in mind throughout product design [M]. San Francisco: Morgan Kaufmann, 2006.

[57] KAWATA S, KIMURA A, OKAMURA A, et al. A proposal and design of command-based real-time navigation system supported by AR-Service design project by project-based learning method on 2013 [J]. Bulletin of Advanced Institute of Industrial Technology, 2014: 159-166.

[58] KIMURA A, OKAMURA O, HUANG K, et al. A command-based real-time navigation system for overseas visitors supported by AR [C] //Proceedings of the Joint International Conference of ITCA 2014 and ISCIIA 2014, 2014: 37-44.

[59] FISK R, GROVE S, JOHN J. Interactive services marketing [M]. 2nd ed. Boston: Houghton Miffin Company, 2004.

[60] KELTON W. Simulation with arena [M]. New York: McGraw-Hill, 2002.

[61] KAWATA S, CHEN J, HIRASAWA K, et al. Proposal of a new mutual-aid service to support resilient society: simulation-based service design approach [C] //Serviceology for Services, 2014: 299-307.

[62] GAUTHEREAU V, HOLLNAGEL E. Planning, control and adaptation: a case study [J]. European Man-

agement Journal, 2005, 23 (1): 118-131.

[63] WOODS D. Resilience engineering [M]. Aldershot: Ashgate Publishing Limited, 2006.

[64] LIANG T, HUANG J. An empirical study on consumer acceptance of products in electronic markets: a transaction cost model [J]. Decision Support Systems, 1998, 24 (1): 29-43.

[65] BAUER H, GRETHER M, LEACH M. Building customer relations over the Internet [J]. Industrial Marketing Management, 2002, 31 (2): 155-163.

[66] HUANG Y, CHUNG J. A web services-based framework for business integration solutions [J]. Electronic Commerce Research and Applications, 2003, 2 (1): 15-26.

[67] JOSANG A, ISMAIL R, BOYD C. A survey of trust and reputation systems for online service provision [J]. Decision Support Systems, 2007, 43 (2): 618-644.

[68] TAMURA Y, NISHIGAKI H, MIYOSHI K, et al. A proposal of home continuity plan service system, modeling by SysML and validating by discrete event simulation [C] //Proceedings of SICE Annual Conference (SICE), 2012: 137-144.

[69] YOSHIMITSU Y, HARA T, SHIMOMURA Y, et al. Development of service CAD system based on service engineering (24th report)—evaluation method for service in the point of customer's view [C] //Proceedings of the 2006 JSPE Autumn Meeting, 2006: 993-994.

[70] NARUI T, TATEYAMA T, SHIMOMURA Y, et al. Design-value tuning system for service design based on goal programming [C] //The Proceedings of Design & Systems Conference, 2008, 299-304.

[71] Japan Productivity Center. Japanese Customer Satisfaction Index (JCSI) [EB/OL]. (2024-03-21) [2024-06-03]. https://www.jpc-net.jp/research/jcsi/.

[72] The Small and Medium Enterprise Agency. Business continuity planning guide for small business, METI, JP [EB/OL]. (2006-02-20) [2024-06-03]. https://www.chusho.meti.go.jp/bcp/.

[73] KAWATA S, SATAKUNI H, SUGITA C, et al. A proposal of the service design method plan by using the discrete event simulation [J]. Bulletin of Advanced Institute of Industrial Technology, 2010, 4: 35-40.

[74] SHIMOMURA Y, HARA H, WARANSBE K, et al. Proposal for service engineering (1st report, service modeling technique of the service engineering) [J]. Transactions of the Japan Society of Mechanical Engineers, Series C. 2005, 71 (702): 315-322.

[75] YOSHIKAWA H. Introduction to service engineering: a framework for dealing with services theoretically [J]. Synthesiology, 2008, 1 (2): 111-122.

[76] YAMAGISHI M, KIMITA K, SHIMOMURA Y. Development of service CAD system based on service engineering (71st report)—a service design method regarding customer value and corporate requirements [C] //Proceedings of Autumn Conference of The Japan Society of Precision Engineering, 2009: 539-540.

[77] KESHVARPARAST A, BATTINI D, BATTAIA O, et al. Collaborative robots in manufacturing and assembly systems: literature review and future research agenda [J]. Journal of Intelligent Manufacturing, 2024, 35: 2065-2118.

[78] ZHANG R, LV Q, LI J, et al. A reinforcement learning method for human-robot collaboration in assembly tasks [J]. Robotics and Computer-Integrated Manufacturing, 2022, 73: 102227.

[79] MAJIDM H, ARSHAD M, MOKHTAR R. Swarm robotics behaviors and tasks: a technical review [M] //Control engineering in robotics and industrial automation. Cham: Springer, 2022.

[80] RAKSHITH K, SHREERAJ N, MOHAMMER S, et al. Application of swarm robotics in supply chain and logistics [M] //Shaping the future of automation with cloud-enhanced robotics. Hershey: IGI Global, 2024.

[81] CHEN J, KOLMOS A, DU X. Forms of implementation and challenges of PBL in engineering education: a review of literature [J]. European Journal of Engineering Education, 2021, 46 (1): 90-115.

[82] SCHOR D, LIM T, KINSNER W. The future of engineering education [J]. IEEE Potentials, 2021, 40 (2): 4-6.

[83] KOLMOS A, GRAAFF E. Problem-based and project-based learning in engineering education: merging models [M]. New York: Cambridge University Press, 2014.

[84] BAUTERS M, HOLVIKIVI J, VESIKIVI P. An overview of the situation of project-based learning in engineering education [C] //SEFI 48th Annual Conference Engaging Engineering Education Proceedings, European Society for Engineering Education, 2020: 20-24.

[85] OSBORN A F. How to "Think Up" [M]. London: McGraw-Hill Book Co., 1942.

[86] CUREDALE R. Affinity diagrams: step-by-step Guide [M]. 2nd ed. Los Angeles: Design Community College Incorporated, 2019.